ESTADÍSTICA SENCILLA PARA ESTUDIANTES DE CIENCIAS

PROYECTO EDITORIAL
BIBLIOTECA DE QUÍMICAS

Director:
Carlos Seoane Prado
Catedrático de Química Orgánica
Universidad Complutense de Madrid

ESTADÍSTICA SENCILLA PARA ESTUDIANTES DE CIENCIAS

José M.ª Fernández Solís
Julia Pérez Iglesias
Hervilia M.ª Seco Lago

EDITORIAL SINTESIS

Vallehermoso, 34 - 28015 Madrid
Teléf.: (91) 593 20 98
http://www.sintesis.com

Depósito Legal: M. 9.528-2012
ISBN: 978-84-975681-5-9

Impreso en España - Printed in Spain

ÍNDICE

Presentación

Como es bien conocido, la Estadística es una rama de las Matemáticas que presenta múltiples aplicaciones a otras ciencias estrechamente relacionadas con ellas, como pueden ser: Física, Química, Biología, Economía, así como Ingeniería.

En muchas ocasiones su estudio se hace difícil y tedioso por sus conceptos abstractos y no demasiado familiares para la mayoría de los estudiantes procedentes del bachillerato.

Por todo ello, y después de realizar una exhaustiva revisión bibliográfica, hemos llegado a la conclusión de que no son abundantes los textos que se dedican a su estudio, divulgación y aplicación al campo de las ciencias en general y a la Química en particular.

La detección de esa carencia, que ha sido un gran estímulo para nosotros, ha conllevado la elaboración de la obra titulada: "Estadística sencilla para estudiantes de ciencias". Esta obra consta de aplicaciones prácticas de la estadística y, en ningún momento intenta hacer un estudio profundo de la misma, sino más bien es una guía para utilizarla como herramienta en las ciencias, en general, y, en la Química, en particular.

Se puede considerar mejor como libro de apoyo en el laboratorio para las personas que comienzan su andadura científica, al que pueden recurrir para resolver sus dudas de manera rápida y sencilla consultando las breves introducciones a los temas o por similitud con los ejercicios resueltos en el libro.

El texto que se presenta se estructura en cuatro capítulos. El primero se dedica a las representaciones gráficas, construcción gráfica de datos, ajuste de los mismos por mínimos cuadrados y a los métodos de calibrado. En este último apartado se describen los principales tipos de calibración de los métodos instrumentales (curvas de calibrado normales, método de adición estándar y método del estándar interno), finalizando el capítulo con una serie de ejercicios resueltos.

En el segundo capítulo (conceptos básicos) se revisa, en primer lugar, el concepto de cifras significativas para centrarse en los de exactitud y precisión (describiendo los parámetros de calidad correspondientes), límites de detección y cuantificación y en el uso de la hoja del programa Excel para el cálculo de dichos parámetros. El capítulo termina, al igual que el anterior, con la exposición de los ejercicios resueltos.

El tercer capítulo (tests estadísticos y rechazo de datos anómalos) se inicia con el estudio de la curva de distribución normal y aborda una descripción resumida de los siguientes tests estadísticos: Q de Dixon (para rechazo de datos), t de Student (para definición de intervalos de confianza) y F de Snedecor (para la comparación de series de medidas). De nuevo, al final del capítulo, se recogen los ejercicios y problemas resueltos.

En el cuarto, y último capítulo (comparación de resultados y métodos), se presenta brevemente la explicación teórica de conceptos tales como homocedasticidad; se abordan los apartados sobre ensayos de comparación y análisis de varianza, centrándose en el uso del programa Statgraphics para la resolución de los ejercicios propuestos al final del capítulo.

Debe destacarse que los cálculos necesarios para resolver ejercicios o problemas de estadística aplicada a las Ciencias Experimentales son generalmente sencillos, ya que no requieren una formación matemática exhaustiva. Algunos de ellos se realizan mediante una calculadora de bolsillo no excesivamente sofisticada; en otros casos es necesario disponer de un ordenador con los programas Excel y Statgraphics.

En todos los capítulos, al comenzar el enunciado de cada ejercicio o problema, se indica su grado de dificultad, es decir, si se considera que el ejercicio en cuestión es de nivel elemental (F), mediano (M) o difícil (D) de resolver para un estudiante medio.

Por último, aunque se ha tratado de proporcionar en cada problema todos los datos y constantes necesarias, hemos incluido a lo largo de los capítulos de la obra algunas tablas de parámetros necesarios para la resolución de los problemas que puedan plantearse.

Esperamos que la obra, fruto de nuestro trabajo y experiencia, constituya también una ayuda para los profesionales que, como nosotros, se dedican a la docencia de las Ciencias Experimentales (en nuestro caso la Química) utilizando y aplicando la Estadística a la parte práctica de estas materias, en sus diferentes niveles.

Queremos expresar nuestro más sincero agradecimiento a todas aquellas personas que nos han ofrecido su ayuda e inestimable colaboración para la realización de este libro, en especial a los Matemáticos que nos han clarificado nuestras carencias.

Y, sobre todo, agradecer el apoyo de nuestras familias, que siempre han sido comprensivas con el tiempo que hemos dejado de dedicarles.

REPRESENTACIONES GRÁFICAS. MÉTODOS DE CALIBRADO

- Representaciones gráficas
- Construcción gráfica de los datos y ajuste por mínimos cuadrados
- Calibración de los métodos instrumentales
- Ejercicios resueltos

Representaciones gráficas

Muchos métodos de análisis se basan en la representación gráfica de una curva de calibrado en la que una cantidad medida, y, se relaciona directamente con la concentración conocida, x, de una serie de patrones.

Como es común, el gráfico tiende a una línea recta, pero no todos los datos caen exactamente en ella, debido a errores aleatorios en el proceso de medida, por tanto, ha de trazarse "la mejor" línea recta entre los puntos. La técnica estadística conocida como *análisis de regresión* proporciona los medios para la elaboración objetiva de esta recta, además de precisar la incertidumbre asociada con su uso.

El procedimiento general para los datos bidimensionales que conforman el modelo de regresión lineal es el *método de los mínimos cuadrados*.

Para generar una recta de calibrado por este método, es necesario hacer 2 suposiciones:

1) Que existe realmente una relación lineal entre la variable medida y la concentración del analito, x. Esta relación se expresa: $y = a\,x + b$, donde b es la ordenada en el origen y a es la pendiente de la recta.
2) Que cualquier desviación de los puntos individuales respecto a la recta es debida a errores de medida, es decir, se supone que no hay error en los valores de x de los puntos.

El cálculo de la recta de regresión con la hoja de cálculo Excel es muy sencillo, trataremos de explicarlo con un ejemplo. El procedimiento a seguir es el siguiente:

1) Introducir en una hoja de cálculo los valores en las 2 primeras columnas utilizando la columna A para los valores de x, y la columna B para los valores de y.

	A	B	C
1	1,05	0,019	
2	4,51	0,052	
3	9,33	0,098	
4	15,19	0,154	
5	21,69	0,216	
6	25,05	0,248	
7	50,52	0,491	
8	75,47	0,729	
9	99,47	0,958	
10	125,15	1,203	
11	149,79	1,438	
12	175,05	1,679	

2) Se marcan los datos, en este ejemplo de A1 a B12.
3) Seleccionar para la salida del ajuste un espacio de 3 filas y 2 columnas, por ejemplo de E1 a F3.
4) Buscar en la barra de herramientas ESTIMACION.LINEAL y aparecerá una pantalla similar a la que se muestra a continuación:

Argumentos de función		? X
ESTIMACION.LINEAL		
Conocido_y		= referencia
Conocido_x		= referencia
Constante		= valor_lógico
Estadística		= valor_lógico

Y se completa de la siguiente forma:

Argumentos de función		? X
ESTIMACION.LINEAL		
Conocido_y	B1: B12	= {0,019\...\1,679}
Conocido_x	A1: A12	= {1,05\...\175,05}
Constante	1	= VERDADERO
Estadística	1	= VERDADERO

Constante es un valor lógico que especifica si se ha de forzar a la constante *b* a ser igual a 0.
Estadística es un valor lógico que especifica si se deberán devolver estadísticas de regresión adicionales.

5) Se pulsan las teclas "Control" "Mayúsculas" y "Entrar", simultáneamente.
6) Aparecerán en las casillas seleccionadas los siguientes datos.

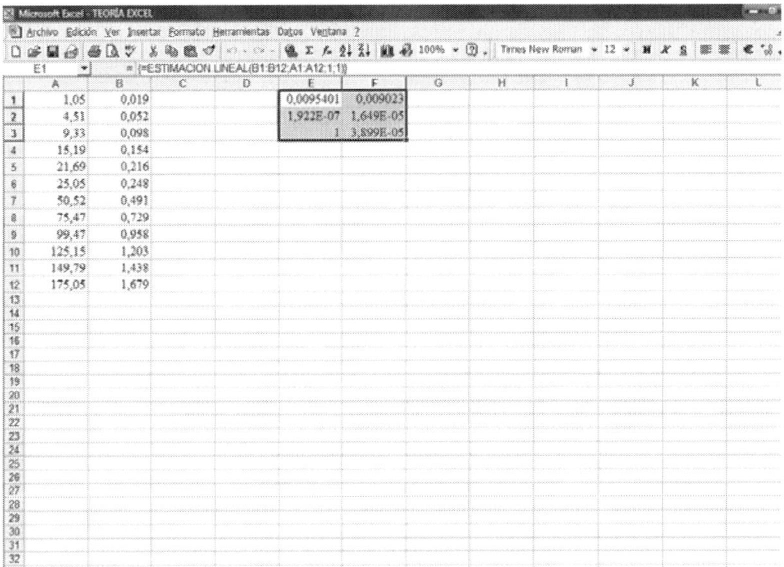

E	F
0,00954009	0,00902296
1,9218E-07	1,6487E-05
1	3,8991E-05

Que corresponden a los siguientes resultados de la regresión lineal:

E	F
Pendiente (a)	Ordenada en el origen (b)
Incertidumbre en la pendiente (s_m)	Incertidumbre en la ordenada en el origen (s_b)
Cuadrado del coeficiente de correlación (r^2)	Estimación de la incertidumbre en y (s_r)

La incertidumbre en la pendiente también se denomina desviación estándar de la pendiente, y la incertidumbre en la ordenada en el origen equivale a la desviación estándar en el origen.

Construcción gráfica de los datos y ajuste por mínimos cuadrados

1) Se seleccionan los datos en el ejemplo de A1 a B12.

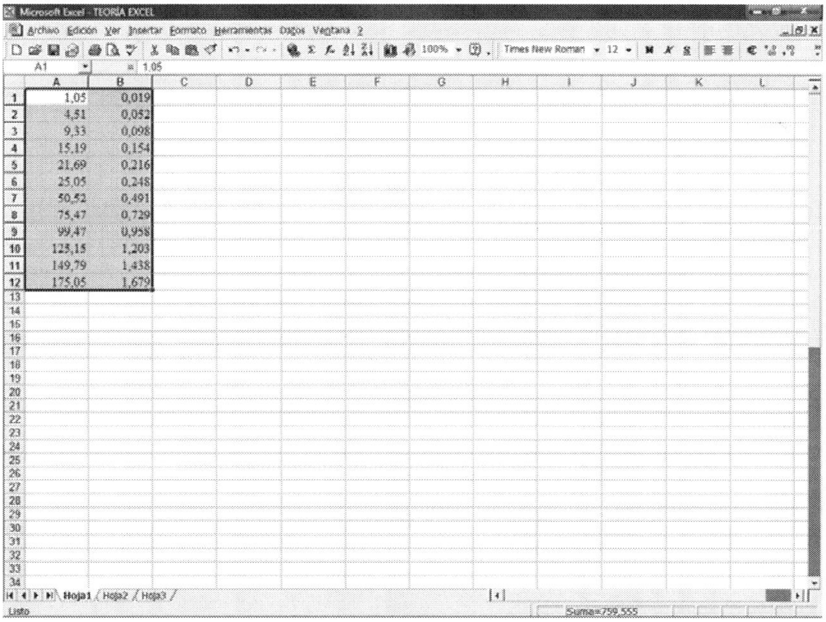

2) Se pincha en el "asistente para gráficos" de la "hoja de Excel".

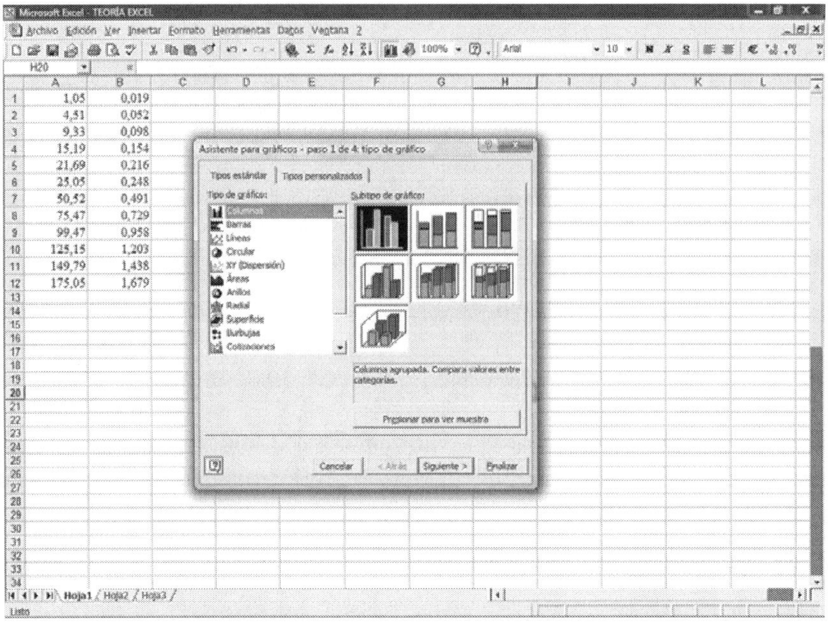

3) En la primera pantalla que aparece con los tipos de gráfico, se selecciona XY (dispersión), eligiendo el subtipo de gráfico que queramos y se pulsa "Siguiente". Para el caso de querer representar la recta de regresión, mejor elegir un subtipo de gráfico que no contenga ninguna línea.

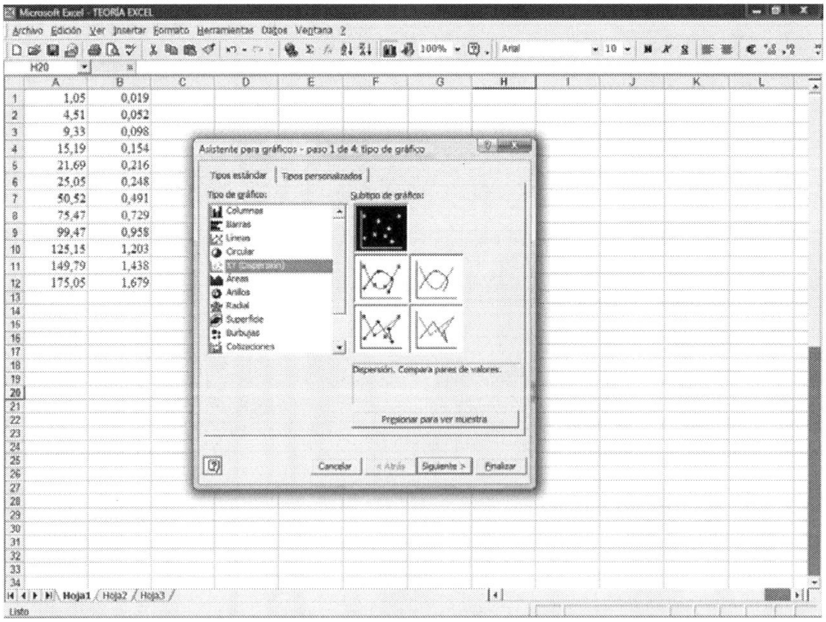

4) Se van siguiendo los 4 pasos que aparecen en el cuadro, pulsando "Siguiente" para cada caso.

En el paso 2 se eligen *títulos, eje, líneas de división, leyenda y rótulos de datos*, a gusto de cada uno.

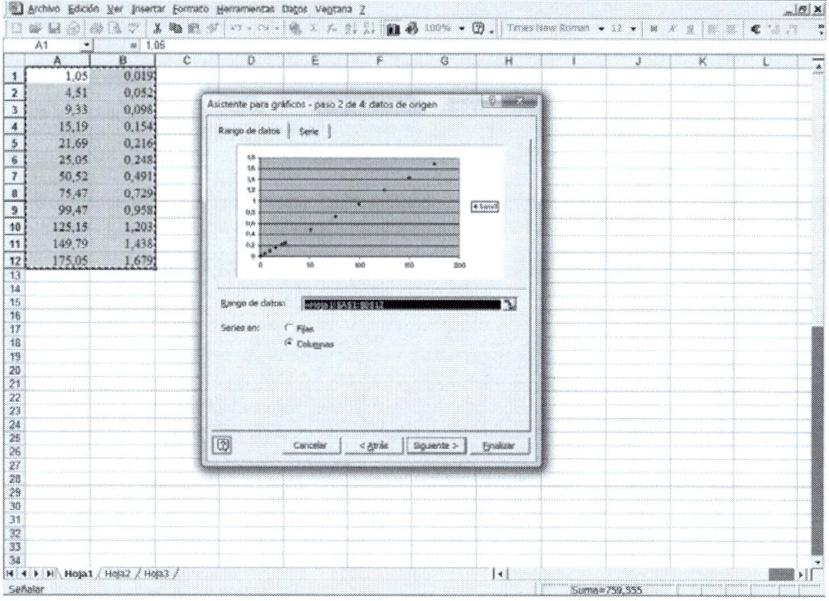

5) Se eligen los títulos.

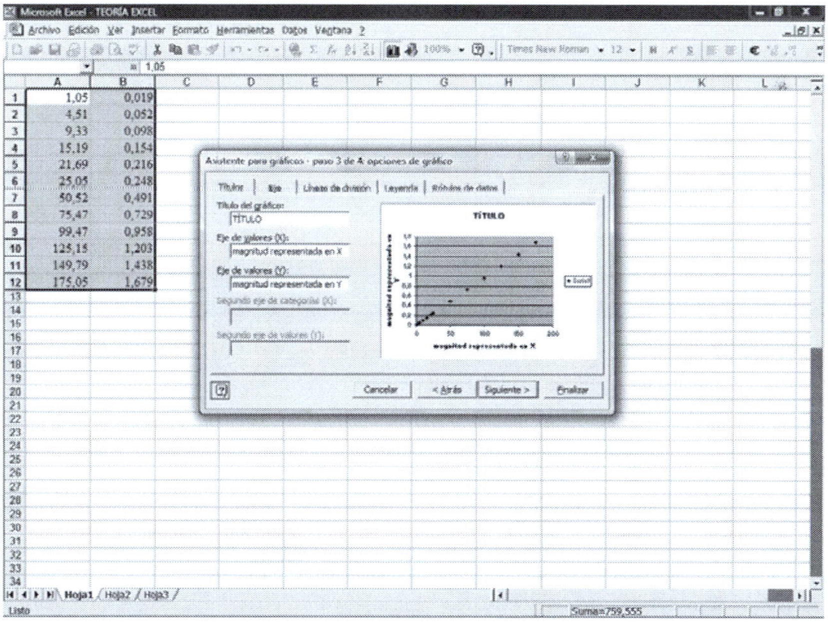

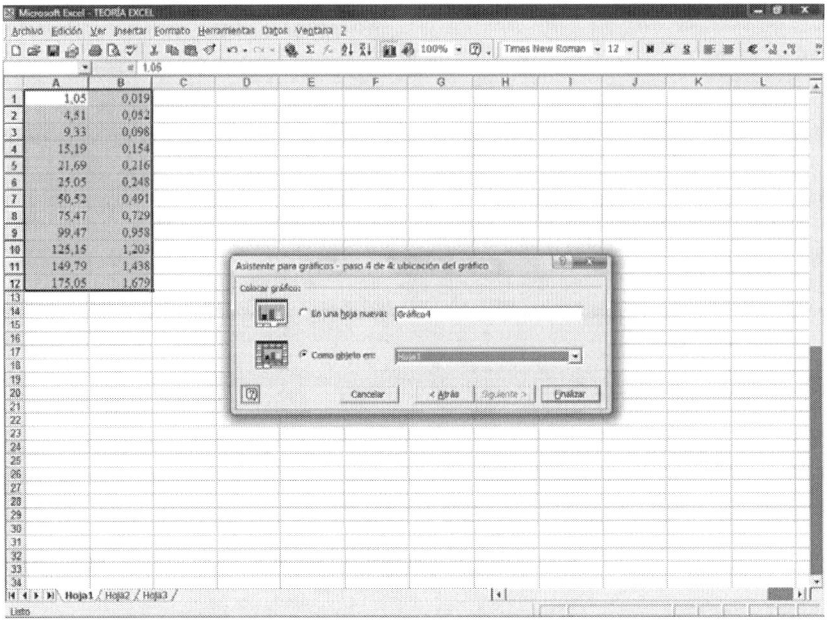

6) En el paso 4 se finaliza y se obtiene en la pantalla el gráfico de puntos.

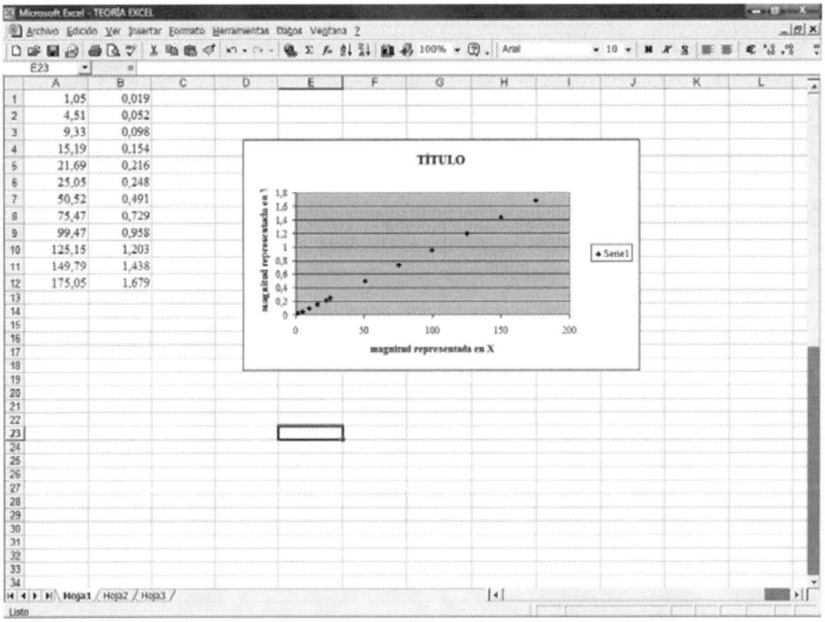

7) Pinchando con el pulsador derecho del ratón sobre los puntos del gráfico se puede agregar al gráfico la *línea de tendencia*. Para ello se elige en la pantalla la opción *lineal* y se pulsa "Aceptar".

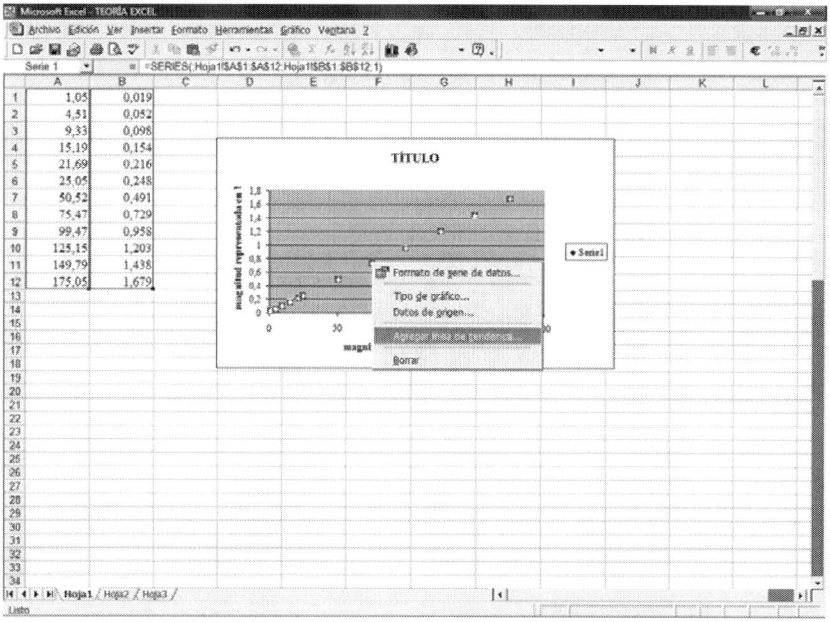

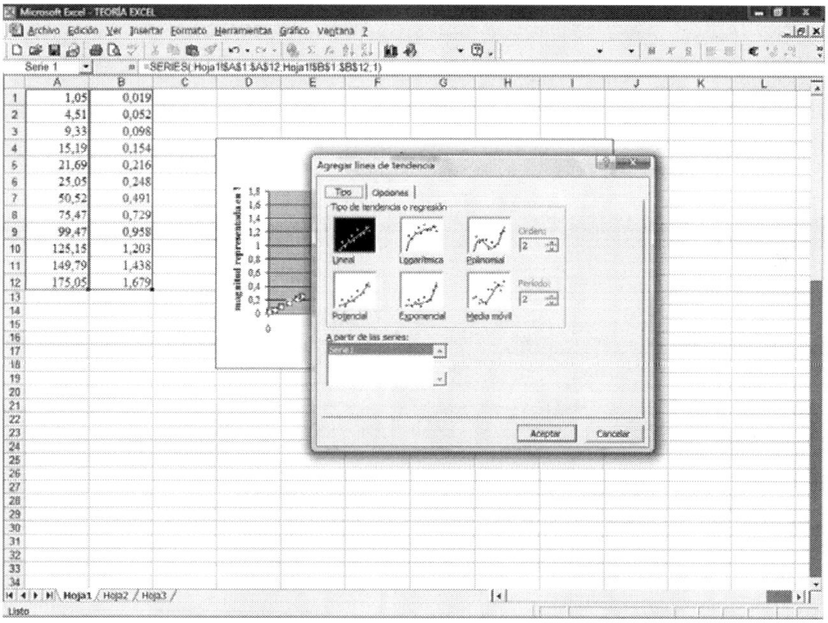

Dentro de la misma pantalla aparece "Opciones" y ahí se puede elegir que aparezca la ecuación o el valor de R^2 en el gráfico.

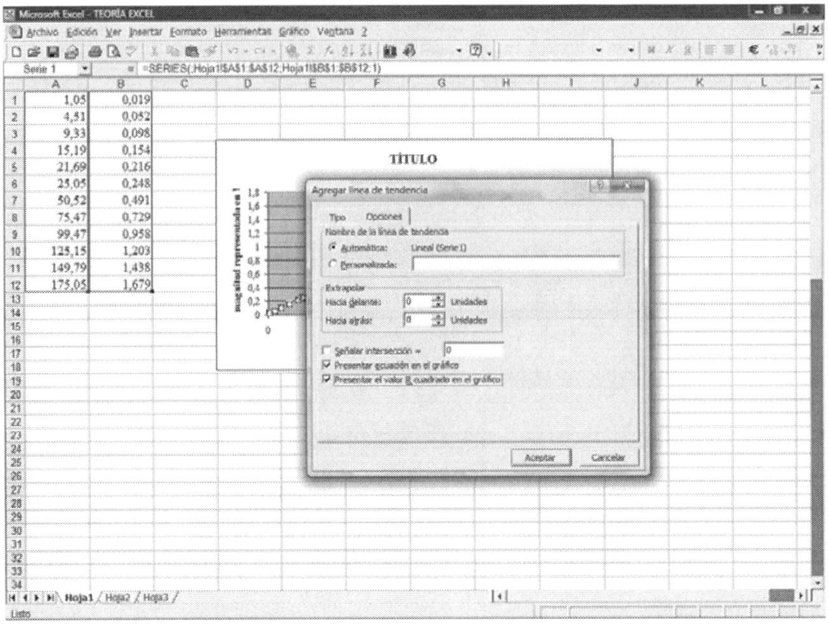

8) Así se obtiene el gráfico y el ajuste por mínimos cuadrados o ecuación de regresión.

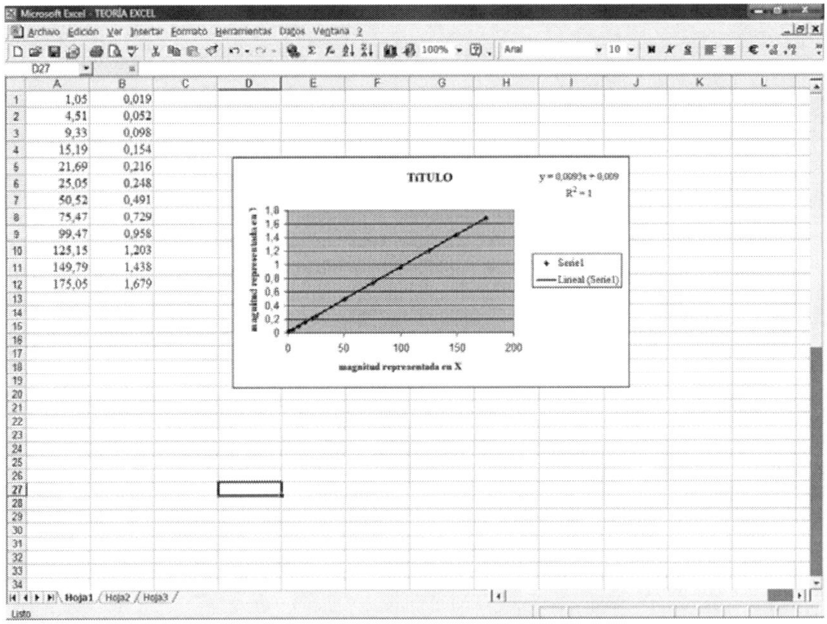

9) Se puede modificar la apariencia del gráfico pulsando en las distintas zonas eligiendo las opciones que más nos agraden. Por ejemplo:

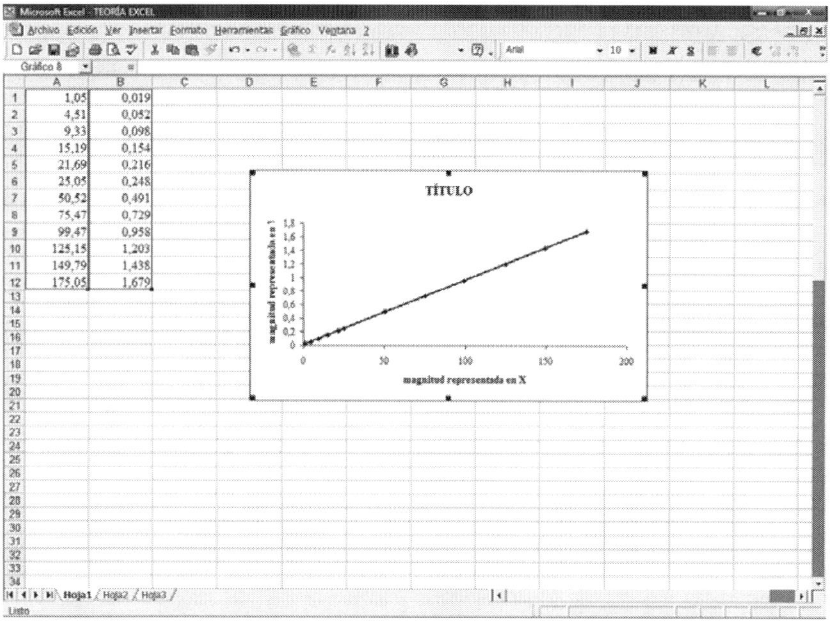

Calibración de los métodos instrumentales

Casi todos los métodos instrumentales de análisis requieren una calibración, proceso que relaciona la señal analítica medida con la concentración del analito. Los tres métodos más frecuentemente utilizados para la calibración son: la realización y el uso de una curva de calibrado, el método de la adición estándar y el método del patrón interno.

Curvas de calibrado

Para realizar el método de la curva de calibrado se introducen varios patrones que contienen concentraciones exactamente conocidas del analito y se registra la señal instrumental. Normalmente esta señal se corrige con la correspondiente señal obtenida con el blanco. En condiciones ideales el blanco contiene todos los componentes de la muestra original excepto el analito. Los datos obtenidos se representan para obtener una gráfica de la señal corregida del instrumento frente a la concentración de analito.

A menudo se obtienen representaciones gráficas que son lineales en un amplio intervalo de concentración (*intervalo útil*) lo cual es deseable, ya que están menos sujetas a error que las curvas no lineales. Sin embargo, no es raro encontrar representaciones gráficas no lineales, las cuales requieren un elevado número de datos de calibrado para establecer con precisión la relación entre la respuesta del instrumento y la concentración. Se obtiene la ecuación de la curva de calibrado por el método de mínimos cuadrados, que permite calcular directamente la concentración de las muestras.

Los ejercicios relativos a este método son los numerados del 1.1 al 1.7.

Método de la adición estándar

Este método se utiliza cuando es difícil o imposible duplicar la matriz de la muestra. Por lo general, se adiciona a la muestra una cantidad o cantidades conocidas de una disolución estándar del analito. En el método de adiciones estándar de un solo punto, se toman dos porciones de la muestra. Una porción se mide como de costumbre, pero a la segunda porción se le agrega una cantidad conocida de la disolución estándar de analito. Ambas respuestas se utilizan entonces para calcular la concentración desconocida, suponiendo una relación lineal entre la respuesta y la concentración del analito.

En este método varias alícuotas idénticas V_x de la disolución problema con una concentración c_x se transfieren a matraces aforados de volumen V_t. (A cada uno de ellos, se le añade un volumen variable (V_s, mL) de una disolución patrón de analito que tiene una concentración conocida c_s). Se añaden entonces los reactivos adecuados y cada disolución se diluye hasta un volumen determinado. Se realizan las medidas instrumentales en cada una de esas disoluciones dando una señal S en el instrumento. Si la respuesta del instrumento es proporcional a la concentración, como debe ser para que el método de la adición estándar sea aplicable, se puede escribir que:

$$S = \frac{k\,V_s\,c_s}{V_t} + \frac{k\,V_x\,c_x}{V_t}$$

donde k es una constante de proporcionalidad. La representación de S en función de V_s, es una línea recta de la forma: $S = mV_s + b$

donde la pendiente m y la ordenada en el origen b vienen dadas por:

$$m = \frac{k\,c_s}{V_t} \qquad \text{y} \qquad b = \frac{k\,V_x\,c_x}{V_t}$$

Para determinar m y b puede utilizarse un tratamiento por mínimos cuadrados; c_x se puede obtener a partir de la relación entre estas dos cantidades y los valores conocidos de c_s, V_x y V_s. Así,

$$\frac{b}{m} = \frac{\dfrac{k\,V_x\,c_x}{V_t}}{\dfrac{k\,c_s}{V_t}} = \frac{V_x\,c_x}{c_s}$$

$$\text{o} \qquad c_x = \frac{b\,c_s}{m\,V_x}$$

Se puede obtener el valor de la desviación estándar en c_x, suponiendo que las incertidumbres en c_s, V_s y V_t son despreciables con respecto a las de m y b. Entonces, la varianza relativa del resultado $\left(\frac{s_c}{c_x}\right)^2$ se toma como la suma de las varianzas relativas de m y b. Esto es:

$$\left(\frac{s_c}{c_x}\right)^2 = \left(\frac{s_m}{m}\right)^2 + \left(\frac{s_b}{b}\right)^2$$

donde s_m es la desviación estándar de la pendiente y s_b es la desviación estándar de la ordenada en el origen. La raíz cuadrada de esta ecuación da:

$$s_c = c_x\left[\left(\frac{s_m}{m}\right)^2 + \left(\frac{s_b}{b}\right)^2\right]^{1/2}$$

La diferencia entre el volumen añadido de patrón en el origen (cero) y el valor del volumen en el punto de intersección de la línea recta con el eje de las x $(V_x)_0$, es el volumen de patrón que equivale a la cantidad de analito en la muestra.

Además, la intersección con el eje de las x corresponde a la señal cero del instrumento, así que se puede considerar:

$$S = \frac{k\,V_s\,c_s}{V_t} + \frac{k\,V_x\,c_x}{V_t} = 0$$

Resolviendo la ecuación anterior para c_x, se obtiene: $c_x = -\frac{(V_s)_0\,c_s}{V_x}$

Con el objeto de ahorrar tiempo o muestra, es posible realizar el método de adición estándar utilizando solamente dos volúmenes de muestra, y en este caso se hará una única adición, de V_s mL del patrón a una de las dos muestras y entonces:

$$S_1 = \frac{k\,V_x\,c_x}{V_t} \qquad S_2 = \frac{k\,V_s\,c_s}{V_t} + \frac{k\,V_x\,c_x}{V_t}$$

Donde S_1 y S_2 son las señales analíticas de la muestra diluida y de la muestra diluida más patrón añadido, respectivamente. Dividiendo la segunda ecuación por la primera, después de reordenar se obtiene:

$$c_x = \frac{S_1 V_s c_s}{(S_2 - S_1) V_x}$$

Los ejercicios de este método son: 1.10 y 1.11.

Método del patrón interno

En un análisis, un *patrón interno* es una sustancia que se añade a todas las muestras, blancos y patrones de calibrado en una cantidad fija. También puede ser un componente mayoritario de las muestras y de los patrones pero que está en una concentración lo suficientemente elevada como para que se pueda considerar que es la misma en todos los casos. En este caso el calibrado es una representación gráfica del cociente entre la señal del analito y la señal del patrón interno en función de la concentración de analito de los patrones. En las muestras, este cociente se utiliza para determinar la concentración de analito a partir de la curva de calibrado.

Si se elige y se usa adecuadamente un patrón interno, se pueden compensar algunos errores aleatorios o sistemáticos. Así, si las señales del analito y del patrón interno tienen una respuesta proporcional al error aleatorio instrumental y a las fluctuaciones del método, la relación entre dichas señales es independiente de dichas fluctuaciones. Si ambas señales se modifican de la misma forma por el efecto de la matriz, también se compensan en ambas dichos efectos. Cuando el patrón interno es el componente mayoritario de las muestras y de los patrones, también puede suceder que se compensen los errores que se producen en la preparación de la muestra, disolución y filtrado.

La mayor dificultad para aplicar el método del patrón interno es encontrar la sustancia adecuada que sirva a estos efectos, así como para incorporarla a las muestras y a los patrones de forma reproducible. El patrón interno deberá dar una señal similar a la del analito en la mayoría de los casos pero lo suficientemente diferente como para que ambas señales sean claramente diferenciables por el instrumento. Se debe asegurar la ausencia de patrón interno en la matriz de la muestra de tal forma que la única procedencia del patrón sea la cantidad añadida. Por ejemplo, el litio es un patrón interno adecuado para las determinaciones de sodio o potasio en suero sanguíneo, debido a que el comportamiento químico del litio es similar al de ambos analitos pero no aparece de forma natural en la sangre.

Los ejercicios de este método son: 1.8 y 1.9.

Ejercicios resueltos

1.1.- (M) Se sospecha que el agua de una fuente de manantial está contaminada con fosfatos procedentes de los abonos utilizados en las zonas de cultivo agrícola próximas. Para determinarlos se realiza un método espectrofotométrico: el molibdato amónico reacciona en medio ácido con los fosfatos formando el ácido molibdofosfórico. En presencia de vanadio se forma otro ácido de color amarillo, la intensidad de este color es proporcional a la concentración de fosfatos. Se mide la absorbancia de patrones de concentración conocida y de una muestra problema en el espectrofotómetro UV-VIS, a 405 nm, obteniéndose los siguientes valores:

A	**0,12**	**0,19**	**0,23**	**0,26**	**0,24**
$[PO_4^{3-}]$ **(mol dm^{-3})**	**0,004**	**0,008**	**0,012**	**0,016**	**muestra problema**

a) Trazar la recta de regresión con los 4 datos.
b) Calcular la concentración de la muestra problema.

a) Se representa *absorbancia* frente a *concentración* (mol dm^{-3}).

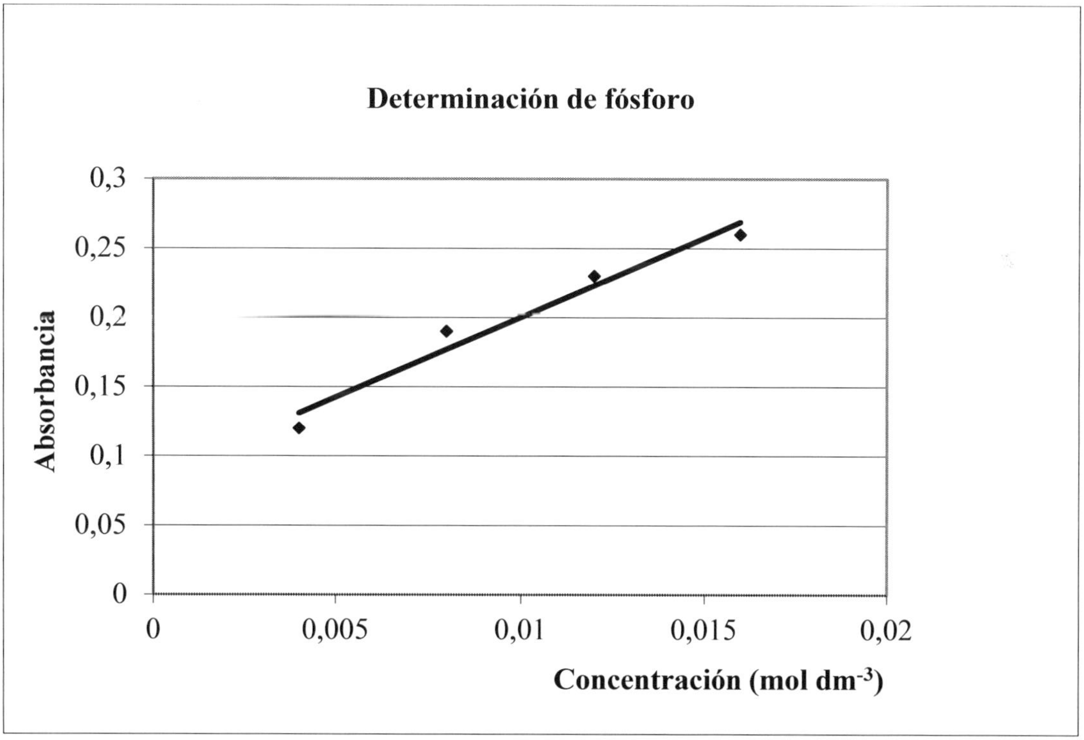

Ecuación de la recta de regresión: y = 11,5 x + 0,085

Absorbancia = 11,5 $\left[PO_4^{3-}\right]$ + 0,085

$R^2 = 0{,}9618$

b) $y = 0{,}24 = 11{,}5\,x + 0{,}085$

$$x = \left[PO_4^{3-}\right] = 1{,}4 \cdot 10^{-2}\ \text{mol dm}^{-3}$$

1.2.- (M) Para determinar la concentración de plomo en un molusco se utiliza un método espectrofotométrico, en el cual se mide la absorbancia de distintas disoluciones de plomo de concentraciones conocidas con el fin de establecer una curva de calibrado. Si una muestra ha dado una absorbancia de 0,157, calcular la concentración de plomo en la muestra del molusco.

Concentración Pb^{2+} $\mu g\ mL^{-1}$	Absorbancia
1,06	0,045
2,02	0,086
3,11	0,132
4,22	0,179
5,40	0,229
10,30	0,437
15,11	0,641
20,21	0,857
24,62	1,044
30,51	1,294
35,28	1,496
39,38	1,670

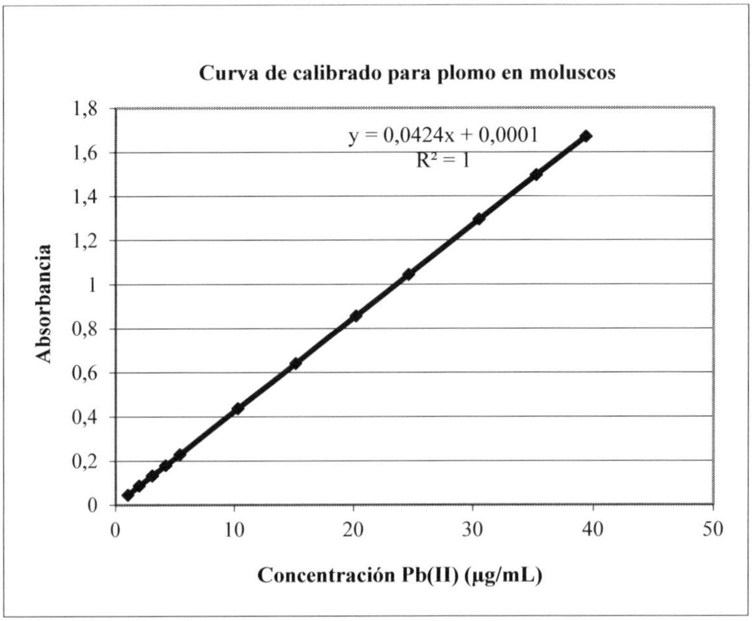

Absorbancia = 0,0424 [Pb^{2+}] + 0,0001

0,157 = 0,0424 x + 0,0001

[Pb^{2+}] = x = 3,70 μg mL^{-1}

1.3.- (M) Se quiere saber la cantidad de hierro que posee una muestra de talco. Para ello se utiliza un método espectrofotométrico, en el cual se mide la absorbancia de distintas disoluciones de Fe^{3+} de concentraciones conocidas para establecer la curva de calibrado. La muestra sólida se somete a un tratamiento, que incluye disgregación, para llevarla a la fase de disolución.

a) Representar gráficamente la absorbancia frente a la concentración de hierro.
b) Determinar la ecuación de la recta de regresión.
c) Calcular la concentración de hierro en la disolución de la muestra de talco.

Concentración Fe^{3+} μg mL^{-1}	Absorbancia
1,05	0,019
4,51	0,052
9,33	0,098
15,19	0,154
21,69	0,216
25,05	0,248
50,52	0,491
75,47	0,729
99,47	0,958
125,15	1,203
149,79	1,438
175,05	1,679
Muestra	0,359

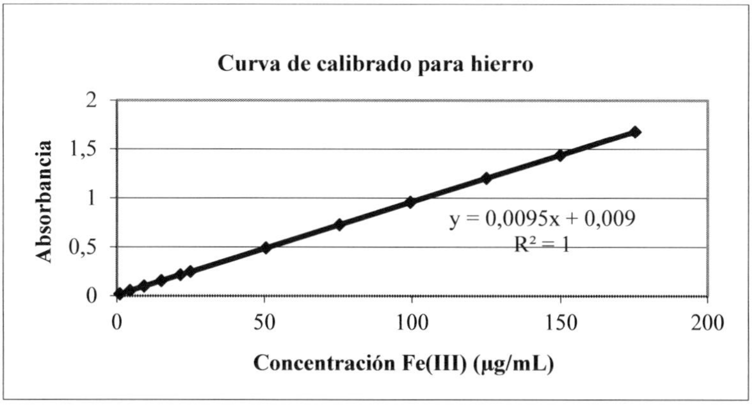

b) Absorbancia = 0,0095 [Fe^{3+}] + 0,009

c) 0,359 = 0,0095 x + 0,009

[Fe^{3+}] = x = 36,84 μg mL^{-1}

1.4.- (D) El agua de alimentación de calderas o de intercambiadores de calor ha de estar exenta de iones calcio por los problemas debidos a las incrustaciones que provocan. Para determinar la concentración de Ca^{2+} en un agua, que se supone blanda, se valora una muestra de 20 mL de la misma con disolución de Na_2-AEDT 0,0090 mol dm^{-3} por medio de espectrofotometría de absorción ultravioleta, midiendo la absorbancia a 220 nm. Los resultados obtenidos son los siguientes:

A	0,10	0,11	0,11	0,12	0,13	0,17	0,23	0,27	0,36
mL Na_2-AEDT 0,0090 mol dm^{-3}	0,0	0,5	1,0	2,0	2,5	3,0	3,5	4,0	5,0

a) Trazar la curva de valoración.
b) Hallar la ecuación de la recta a partir del punto de equivalencia.
c) Determinar la concentración de Ca^{2+} expresada en mg L^{-1} en la muestra de agua.

a)

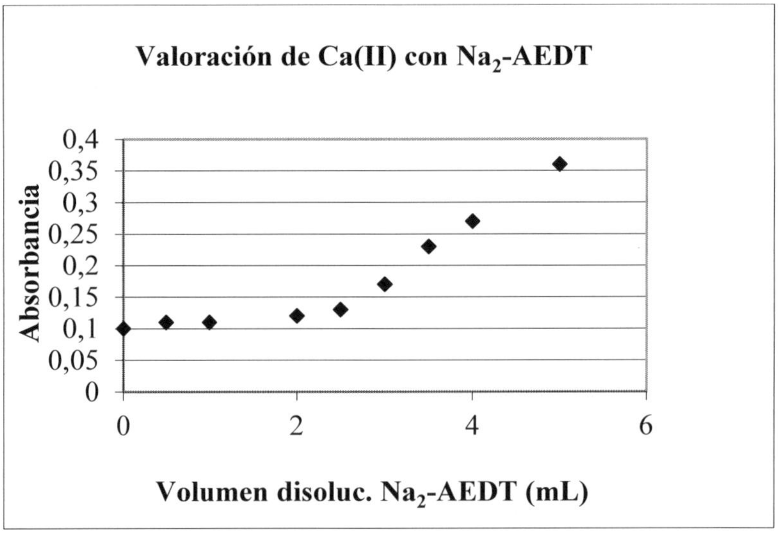

b) Como se aprecia en la figura anterior, la curva de valoración se compone de dos líneas rectas que se cortan en un punto (punto de equivalencia).

En las dos gráficas siguientes se representan, respectivamente, el tramo de la curva de valoración desde el inicio hasta las proximidades del punto de equivalencia y desde éste hasta el final de la valoración.

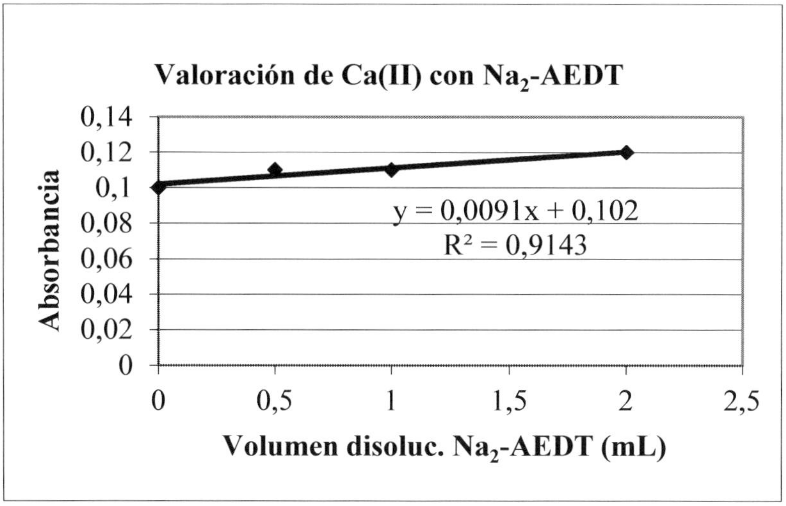

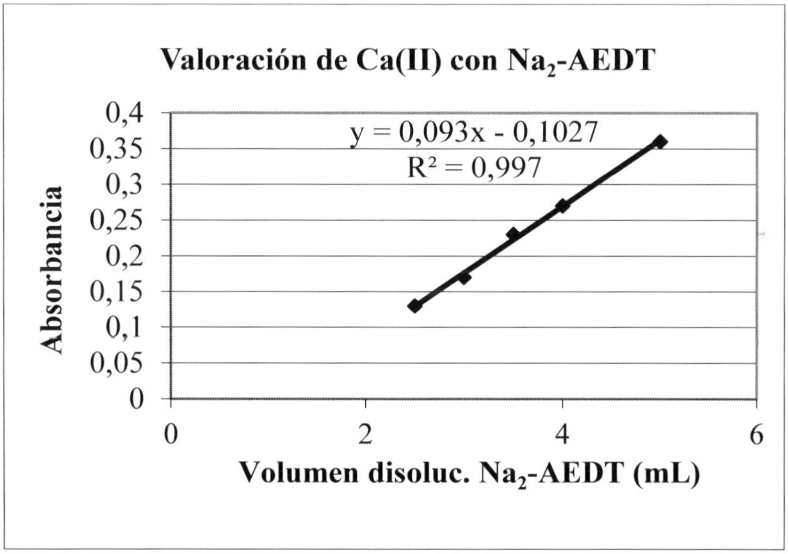

Absorbancia = 0,093 $V_{\text{disolución}}$ – 0,1027

c)

Ecuación de la recta 1º tramo:

y = 0,0091 x + 0,102

Ecuación de la recta después del punto de equivalencia:

y = 0,093 x – 0,1027

Resolviendo el sistema:

$$\left.\begin{aligned} y &= 0{,}093\,x - 0{,}1027 \\ y &= 0{,}0091\,x + 0{,}102 \end{aligned}\right\} \quad x = 2{,}4 \text{ mL}$$

El punto de equivalencia corresponde a 2,4 mL de disolución de AEDT.

$Na_2AEDT^{2-} + Ca^{2+} \longrightarrow CaAEDT^{2-} + 2\,Na^+$

1 mol de AEDT se corresponde con 1 mol de Ca^{2+}

$$\text{masa de } Ca^{2+} = 2{,}4\,\text{mL Na}_2\text{AEDT}^{2-} \times \frac{1\,\text{mol Ca}^{2+}}{1\,\text{mol Na}_2\text{AEDT}^{2-}} \times \frac{0{,}0090\,\text{mol Na}_2\text{AEDT}^{2-}}{1\,\text{L Na}_2\text{AEDT}^{2-}} \times$$

$$\times \frac{10^{-3}\,\text{L}}{1\,\text{mL}} \times \frac{40\,\text{g Ca}^{2+}}{1\,\text{mol Ca}^{2+}}$$

masa de $Ca^{2+} = 8{,}6 \cdot 10^{-4}$ g Ca^{2+}

$$\left[Ca^{2+}\right] = \frac{8{,}6 \cdot 10^{-4}\,\text{g Ca}^{2+}}{20\,\text{mL H}_2\text{O}} \times \frac{10^3\,\text{mg Ca}^{2+}}{\text{g Ca}^{2+}} \times \frac{10^3\,\text{mL H}_2\text{O}}{1\,\text{L H}_2\text{O}} \qquad \left[Ca^{2+}\right] = 43\ \text{mg L}^{-1}$$

1.5.- (D) Antes de proceder al ablandamiento de un agua de uso industrial se necesita conocer su contenido en iones Ca^{2+} y Mg^{2+}; para ello se valora una muestra de 50 mL de agua con disolución de Na_2-AEDT 0,0015 mol dm^{-3} por espectrofotometría de absorción visible, midiendo la absorbancia a 620 nm. Los valores obtenidos son los siguientes:

A	mLNa_2-AEDT	*A*	mLNa_2-AEDT
0,030	**0,0**	**0,074**	**4,8**
0,036	**0,8**	**0,081**	**5,2**
0,038	**1,2**	**0,100**	**5,6**
0,050	**2,4**	**0,115**	**6,0**
0,060	**3,2**	**0,130**	**6,4**
0,068	**4,0**	**0,130**	**6,8**
		0,130	**7,2**

a) Representar gráficamente la curva de valoración.
b) Determinar los puntos de corte de las rectas.
c) Hallar la concentración de iones calcio y de iones magnesio en la muestra de agua expresada en mg L^{-1}.

a)

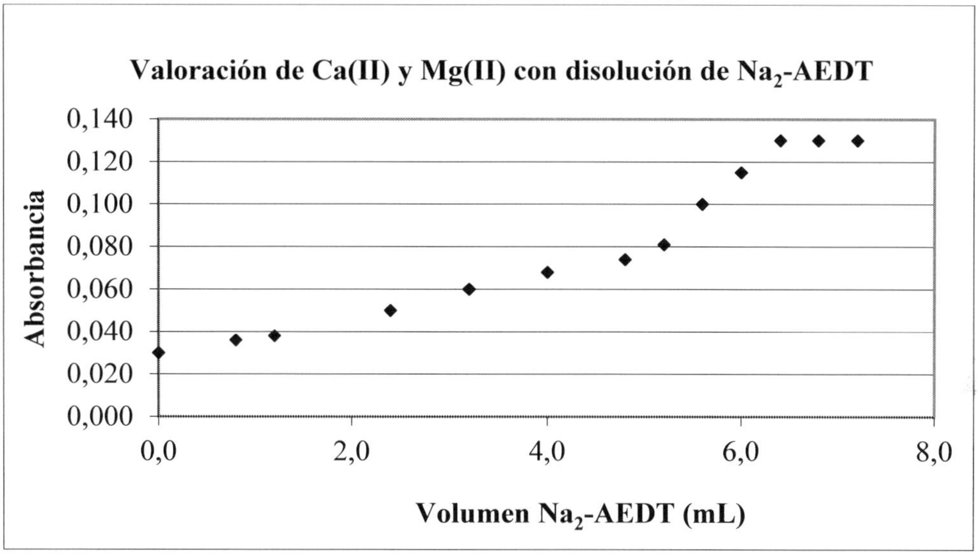

Como se observa en la figura anterior, la curva de valoración se compone de tres líneas rectas que se cortan en 2 puntos (punto de equivalencia para el Ca y punto de equivalencia para el Mg, respectivamente).

En las gráficas siguientes se representan, respectivamente, los tramos de la curva de valoración desde su inicio hasta las proximidades del primer punto de equivalencia, desde éste hasta el segundo punto de equivalencia y desde el segundo hasta el final de la valoración.

b) Primer tramo de la curva de valoración.

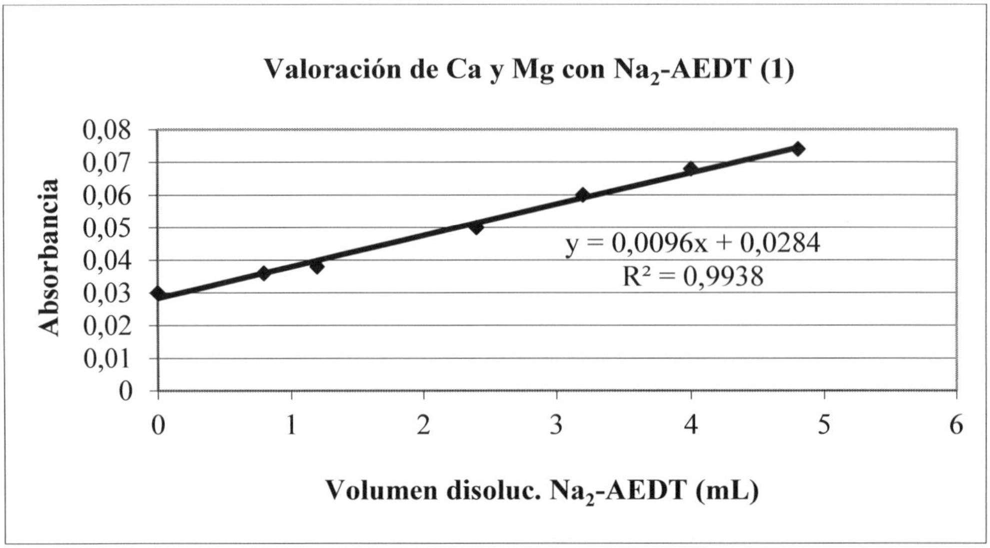

Segundo tramo de la curva de valoración.

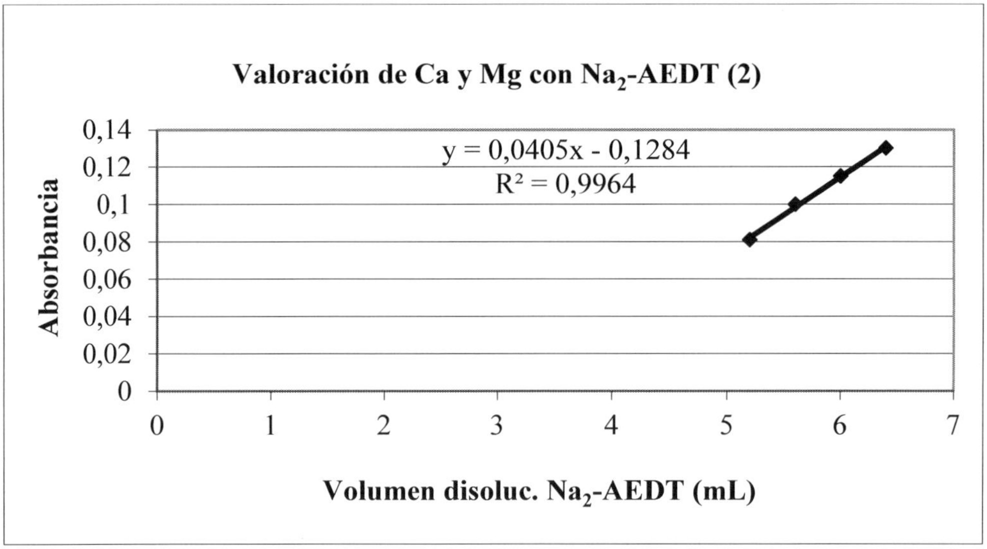

Tercer tramo de la curva de valoración.

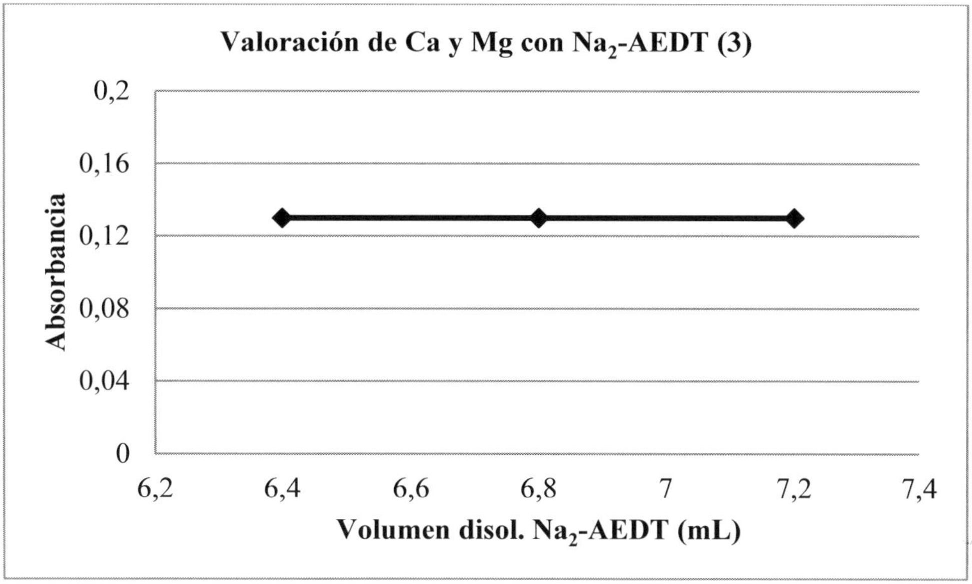

Ecuación de la recta del primer tramo: $y = 0{,}0096\,x + 0{,}0284$

Ecuación de la recta del segundo tramo: $y = 0{,}0405\,x - 0{,}1284$

Ecuación de la recta del tercer tramo: $y = 0{,}130$

Resolviendo el sistema:

$$\left.\begin{array}{l} y = 0{,}0096\,x + 0{,}0284 \\ y = 0{,}0405\,x - 0{,}1284 \end{array}\right\} \quad \text{soluciones:} \quad (5{,}1;\ 0{,}077)$$

Resolviendo el sistema:

$$\left.\begin{array}{l} y = 0{,}0405\,x - 0{,}1284 \\ y = 0{,}130 \end{array}\right\} \quad \text{soluciones:} \quad (6{,}4;\ 0{,}130)$$

c) En la gráfica se observa que el primer punto de equivalencia para el calcio se presenta a 5,1 mL de AEDT-Na_2 y el segundo punto de equivalencia para el magnesio a 6,4 mL. Por diferencia resulta para el Mg un volumen 1,3 mL de disolución valorada de AEDT-Na_2.

Para el Ca: $Na_2AEDT^{2-} + Ca^{2+} \longrightarrow CaAEDT^{2-} + 2\,Na^+$
1 mol de Na_2AEDT^{2-} corresponde con 1 mol de Ca^{2+}

masa de Ca^{2+}

$$5{,}1\,mL\,Na_2AEDT^{2-}\times\frac{10^{-3}\,L}{1\,mL}\times\frac{0{,}0015\,mol\,Na_2AEDT^{2-}}{1\,L}\times\frac{1\,mol\,Ca^{2+}}{1\,mol\,Na_2AEDT^{2-}}\times\frac{40\,g\,Ca^{2+}}{1\,mol\,Ca^{2+}}$$

masa de $Ca^{2+} = 3{,}1 \cdot 10^{-4}$ g Ca^{2+}

$$\left[Ca^{2+}\right]=\frac{3{,}1\cdot 10^{-4}\,g\,Ca^{2+}}{50\,mL\,H_2O}\times\frac{10^3\,mg\,Ca^{2+}}{1\,g\,Ca^{2+}}\times\frac{10^3\,mL\,H_2O}{1\,L\,H_2O}$$

$$\left[Ca^{2+}\right]=6{,}2\,mg\,L^{-1}$$

Para el Mg: $Na_2AEDT^{2-} + Mg^{2+} \longrightarrow MgAEDT^{2-} + 2\,Na^+$

1 mol de Na_2AEDT^{2-} corresponde con 1 mol de Mg^{2+}

masa de Mg^{2+}

$$1{,}3\,mL\,Na_2AEDT^{2-}\times\frac{10^{-3}\,L}{1\,mL}\times\frac{0{,}0015\,mol\,Na_2AEDT^{2-}}{1\,L}\times\frac{1\,mol\,Mg^{2+}}{1\,mol\,Na_2AEDT^{2-}}\times\frac{24{,}31\,g\,Mg^{2+}}{1\,mol\,Mg^{2+}}$$

masa de $Mg^{2+} = 4{,}7 \cdot 10^{-5}$ g Mg^{2+}

$$\left[Mg^{2+}\right]=\frac{4{,}7\cdot 10^{-5}\,g\,Mg^{2+}}{50\,mL\,H_2O}\times\frac{10^3\,mg\,Mg^{2+}}{1\,g\,Mg^{2+}}\times\frac{10^3\,mL\,H_2O}{1\,L\,H_2O}$$

$$\left[Mg^{2+}\right]=0{,}94\,mg\,L^{-1}$$

1.6.- (M) Para determinar la concentración de cobre en minerales piríticos se usa un método espectrofotométrico, en el que se mide la absorbancia de distintas disoluciones de ion cobre (II) de concentraciones conocidas para establecer una curva de calibrado. Una muestra de mineral se somete a un tratamiento conducente a su disolución, siendo la absorbancia de la disolución obtenida 0,650.

a) Representar gráficamente la absorbancia frente a la concentración de cobre.

b) Determinar la ecuación de la recta de regresión.

c) Calcular la concentración de cobre en la disolución de la muestra de mineral.

Concentración Cu^{2+} mg L^{-1}	Absorbancia
24,6	0,040
49,2	0,075
98,5	0,150
164,1	0,260
205,2	0,325
293,1	0,460
366,4	0,580
469,0	0,720
586,2	0,930

a)

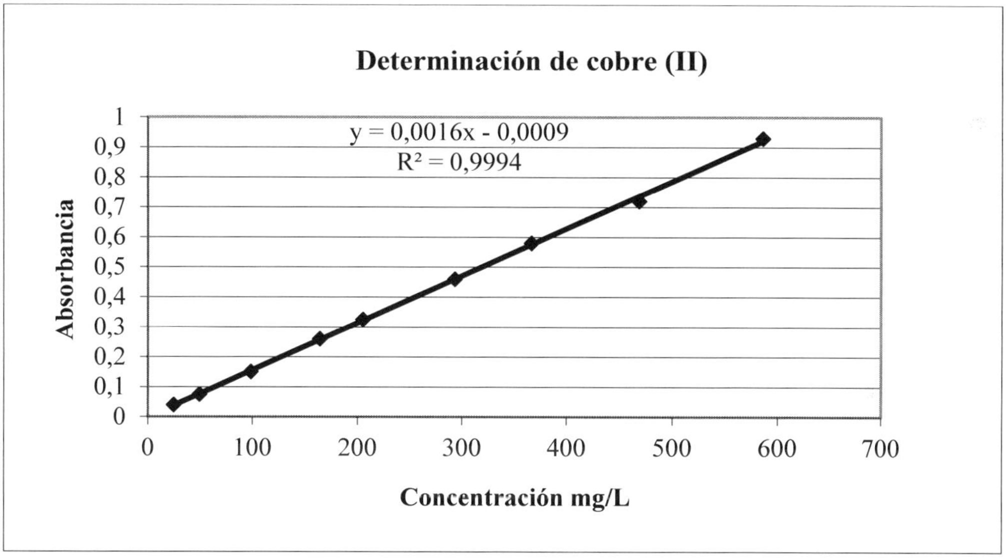

b) Absorbancia $= 0{,}0016\left[Cu^{2+}\right] - 0{,}009$

c) $0{,}650 = 0{,}0016\ x - 0{,}009$ $\qquad$ $0{,}659 = 0{,}0016\ x$

$$\left[Cu^{2+}\right] = x = 411{,}9\ \text{mg L}^{-1}$$

1.7.- (M) En la determinación de la concentración de cobalto en muestras de vitamina B_{12} (cianocobalamina) se usa un método espectrofotométrico, en el que se mide la absorbancia de distintas disoluciones de ion cobalto (III) de concentraciones conocidas para establecer una curva de calibrado. Una muestra de vitamina se somete a un tratamiento para su disolución, siendo la absorbancia de la disolución obtenida 0,800.

a) **Representar gráficamente la absorbancia frente a la concentración de cobalto.**
b) **Determinar la ecuación de la recta de regresión.**
c) **Calcular la concentración de cobalto en la disolución de la muestra de vitamina.**

Concentración Co^{3+} mg L^{-1}	**Absorbancia**
17,9	**0,050**
29,9	**0,090**
59,8	**0,190**
99,7	**0,310**
142,4	**0,450**
203,4	**0,650**
290,6	**0,950**
325,4	**1,070**
464,9	**1,530**

a)

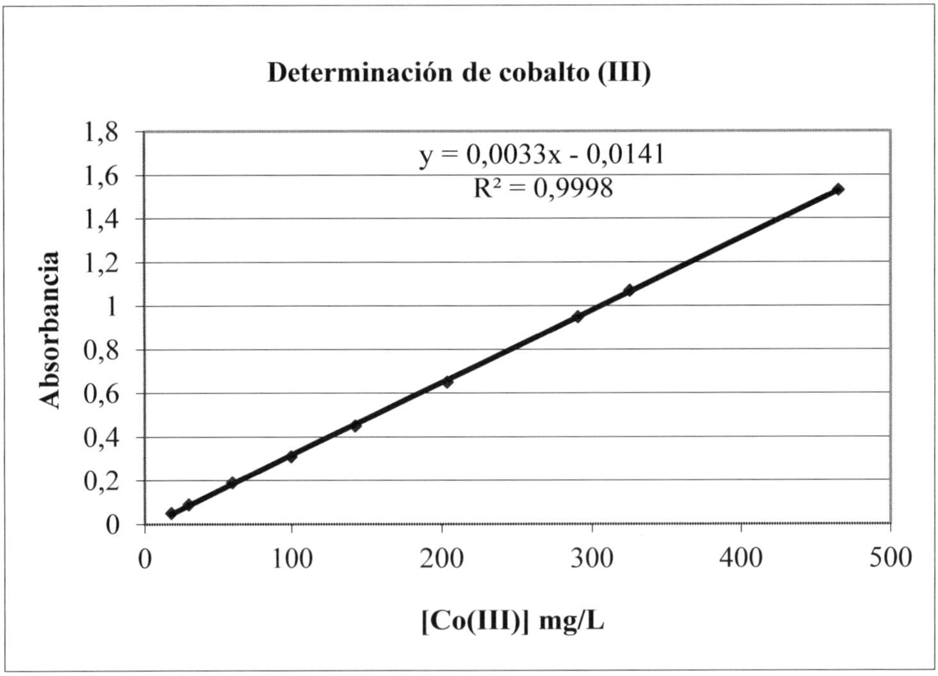

b) Absorbancia = $0{,}0033\left[Co^{3+}\right] - 0{,}0141$

c) $0{,}800 = 0{,}0033\,x - 0{,}0141$ $\qquad$ $0{,}814 = 0{,}0033\,x$

$$\left[Co^{3+}\right] = x = 246{,}7 \text{ mg } L^{-1}$$

1.8.- (D) El sodio se puede determinar por espectrometría de emisión de llama utilizando un estándar interno de litio. Los siguientes datos se obtuvieron para disoluciones estándar de NaCl y una disolución desconocida que contiene una cantidad constante y conocida de LiCl como estándar interno. Las intensidades se corrigieron al restarles la intensidad de un blanco.

Concentración de Na, ppm	Intensidad de emisión de Na	Intensidad de emisión de Li
1,0	10,0	10,0
2,0	15,3	7,5
5,0	34,7	6,8
7,5	65,2	8,5
10,0	95,8	10,0
20,0	110,2	5,8
Desconocida	47,3	9,1

a) Representar gráficamente la intensidad de emisión de Na en función de la concentración de Na y determinar la linealidad a partir de los parámetros estadísticos de la regresión.

b) Representar gráficamente la relación de las intensidades de Na y de Li en función de la concentración de Na y comparar la linealidad resultante con la del apartado a). ¿Por qué el estándar interno mejora la linealidad?

c) Calcular la concentración de Na en la disolución desconocida y la desviación estándar de la concentración.

a)

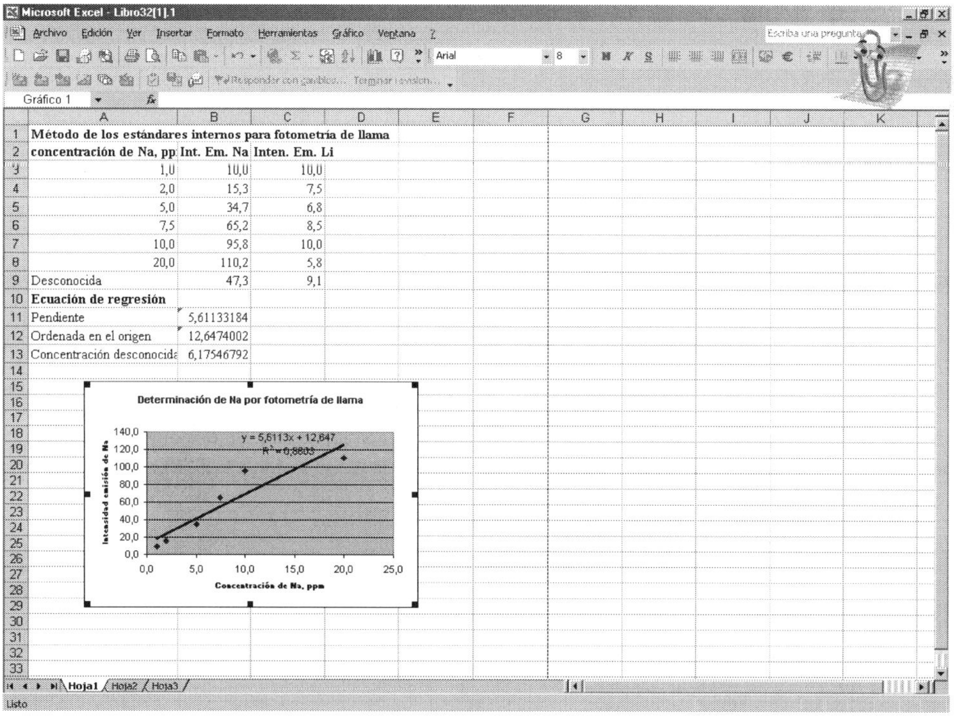

b) y c)

En el apartado a) R^2 = 0,8603, mientras que en el apartado b) se obtiene un valor de 0,999, lo que indica que la linealidad resultante es mucho mayor en este caso b).

El método del patrón interno compensa cierto tipo de errores si éstos influyen en el analito y en la especie de referencia en la misma proporción. Para que tenga lugar la compensación, se ha de elegir una especie de referencia con propiedades químicas y físicas semejantes a las del analito.

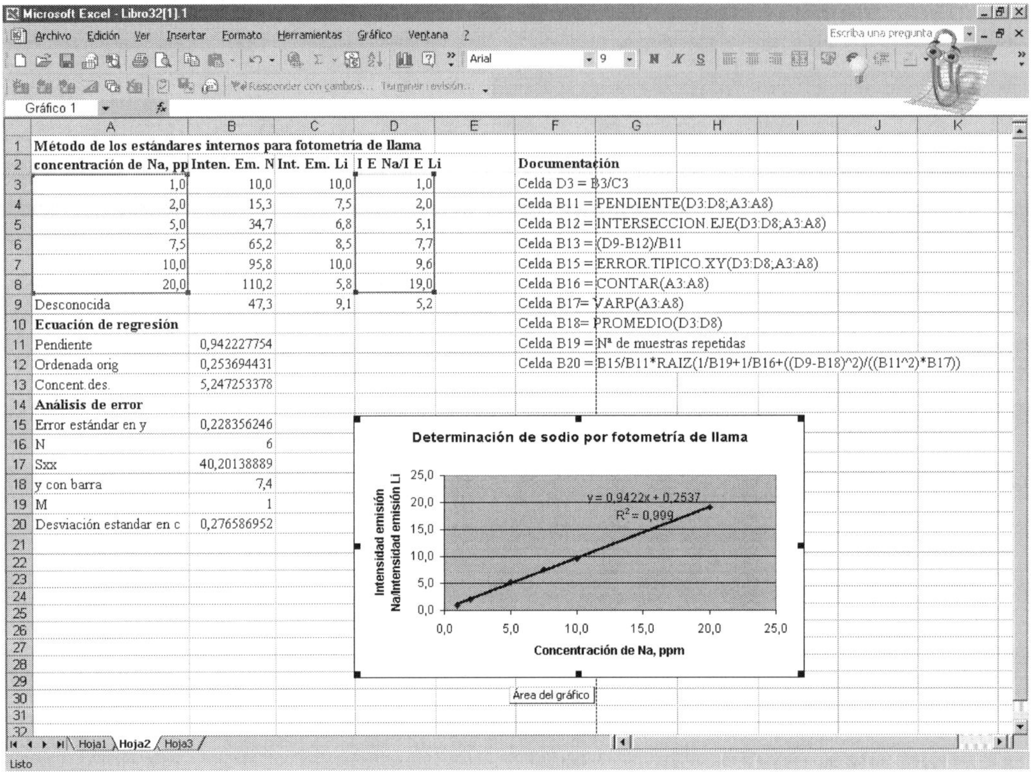

	A	B	C	D	F
1	**Método de los estándares internos para fotometría de llama**				
2	**concentración de Na, pp**	**Inten. Em. N**	**Int. Em. Li**	**I E Na/I E Li**	**Documentación**
3	1,0	10,0	10,0	1,0	Celda D3 = B3/C3
4	2,0	15,3	7,5	2,0	Celda B11 = PENDIENTE(D3:D8;A3:A8)
5	5,0	34,7	6,8	5,1	Celda B12 = INTERSECCION.EJE(D3:D8;A3:A8)
6	7,5	65,2	8,5	7,7	Celda B13 = (D9-B12)/B11
7	10,0	95,8	10,0	9,6	Celda B15 = ERROR.TIPICO.XY(D3:D8;A3:A8)
8	20,0	110,2	5,8	19,0	Celda B16 = CONTAR(A3:A8)
9	Desconocida	47,3	9,1	5,2	Celda B17= VARP(A3:A8)
10	**Ecuación de regresión**				Celda B18= PROMEDIO(D3:D8)
11	Pendiente	0,942227754			Celda B19 = Nª de muestras repetidas
12	Ordenada orig	0,253694431			Celda B20 = B15/B11*RAIZ(1/B19+1/B16+((D9-B18)^2)/((B11^2)*B17))
13	Concent.des.	5,247253378			
14	**Análisis de error**				
15	Error estándar en y	0,228356246			
16	N	6			
17	Sxx	40,20138889			
18	y con barra	7,4			
19	M	1			
20	Desviación estandar en c	0,276586952			

[Na] = 5,2 ppm

s = 0,3 ppm

1.9.- (D) Se determina el contenido de agua en sulfato de calcio dihidratado por espectroscopia infrarroja, utilizando carbonato de calcio como estándar interno para minimizar algunos errores de procedimiento. Se preparó una serie de disoluciones estándar que contienen sulfato de calcio dihidratado y una cantidad conocida y constante del estándar interno. Asimismo se preparó una disolución con el producto de contenido de agua desconocido y se le añadió la misma cantidad de estándar interno. Se midió la absorbancia del compuesto dihidratado a una longitud de onda ($A_{muestra}$) junto con la del estándar interno a otra longitud de onda ($A_{estándar}$), obteniéndose los siguientes resultados:

$A_{muestra}$	$A_{estándar}$	% de agua
0,15	0,75	4,0
0,23	0,60	8,0
0,19	0,31	12,0
0,57	0,70	16,0
0,43	0,45	20,0
0,37	0,47	Desconocido

a) Representar gráficamente la absorbancia de la muestra ($A_{muestra}$) en función del porcentaje de agua y determinar si la representación es lineal a partir de las estadísticas de la regresión.

b) Representar gráficamente la relación $A_{muestra}/A_{estándar}$ en función del porcentaje de agua y comentar si el uso del estándar interno mejora la linealidad con respecto al caso a). Si mejora la linealidad, ¿a qué se debe?

c) Calcular el porcentaje desconocido de agua a partir de los datos del estándar interno.

a) Pendiente = 0,0225; ordenada en el origen = 0,044; R^2 = 0,6312; F calculada mediante la función estimación lineal = 5,135 (celda E5). Como puede observarse, la gráfica no es muy lineal.

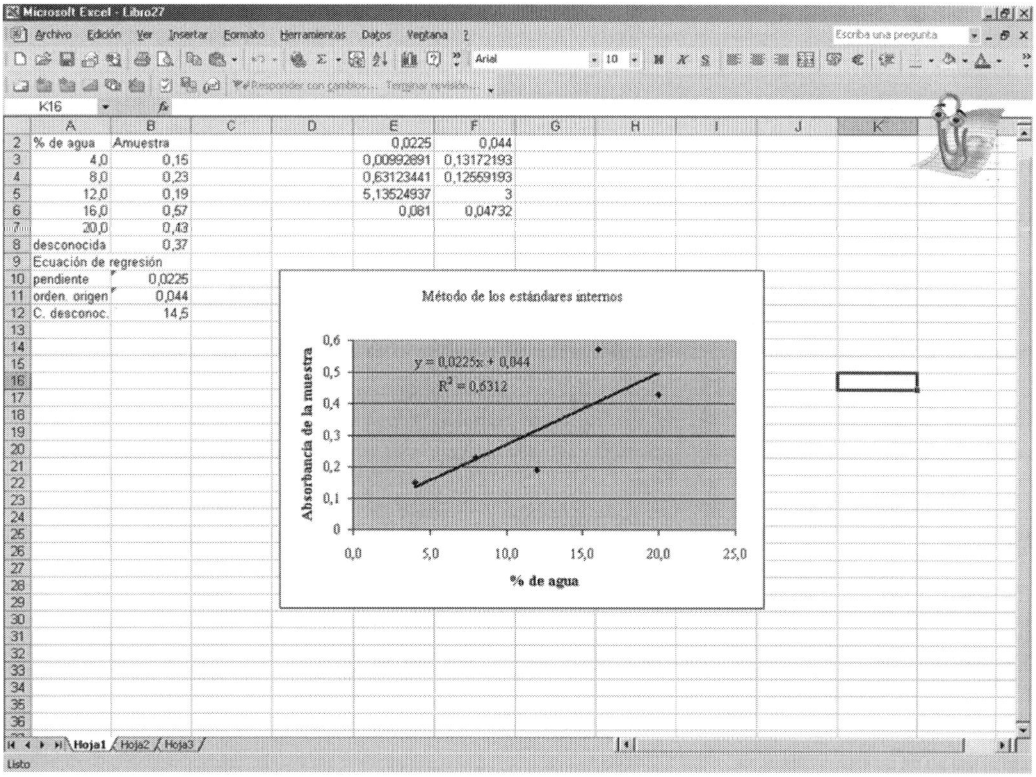

b) Pendiente = 0,0486; ordenada en el origen = 0,0106; R^2 = 0,9946; F calculada mediante la función estimación lineal = 549,84 (celda F5). Como puede observarse, la linealidad es mucho mejor. Hacer la relación compensa errores sistemáticos que afectan tanto a la muestra como al estándar interno.

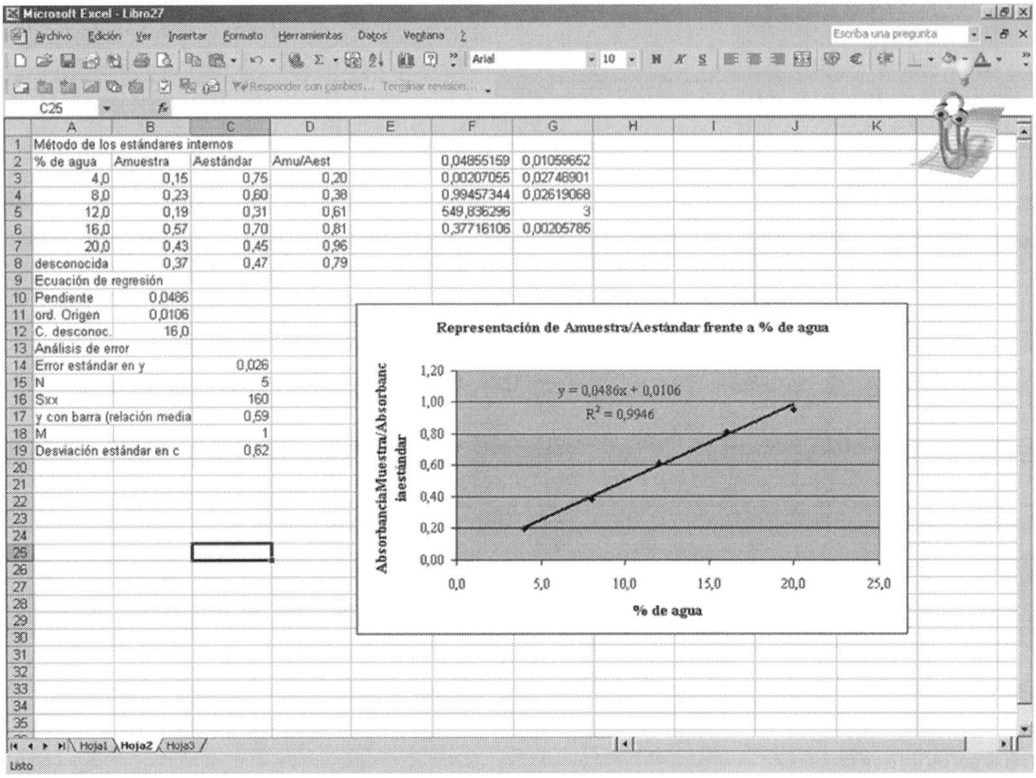

	A	B	C	D	E	F	G
1	Método de los estándares internos						
2	% de agua	Amuestra	Aestándar	Amu/Aest		0,04855159	0,01059652
3	4,0	0,15	0,75	0,20		0,00207055	0,02746901
4	8,0	0,23	0,60	0,38		0,99457344	0,02619068
5	12,0	0,19	0,31	0,61		549,836296	3
6	16,0	0,57	0,70	0,81		0,37716106	0,00205785
7	20,0	0,43	0,45	0,96			
8	desconocida	0,37	0,47	0,79			
9	Ecuación de regresión						
10	Pendiente	0,0486					
11	ord. Origen	0,0106					
12	C. desconoc.	16,0					
13	Análisis de error						
14	Error estándar en y		0,026				
15	N		5				
16	Sxx		160				
17	y con barra (relación media		0,59				
18	M		1				
19	Desviación estándar en c		0,62				

c) Al representar absorbancia del estándar frente a % de agua se obtiene una línea recta de las siguientes características: Pendiente = – 0,0125; ordenada en el origen = 0,712; R^2 = 0,1896; F calculada mediante la función estimación lineal = 0,701 (celda F5). Como puede observarse, la gráfica no es demasiado lineal.

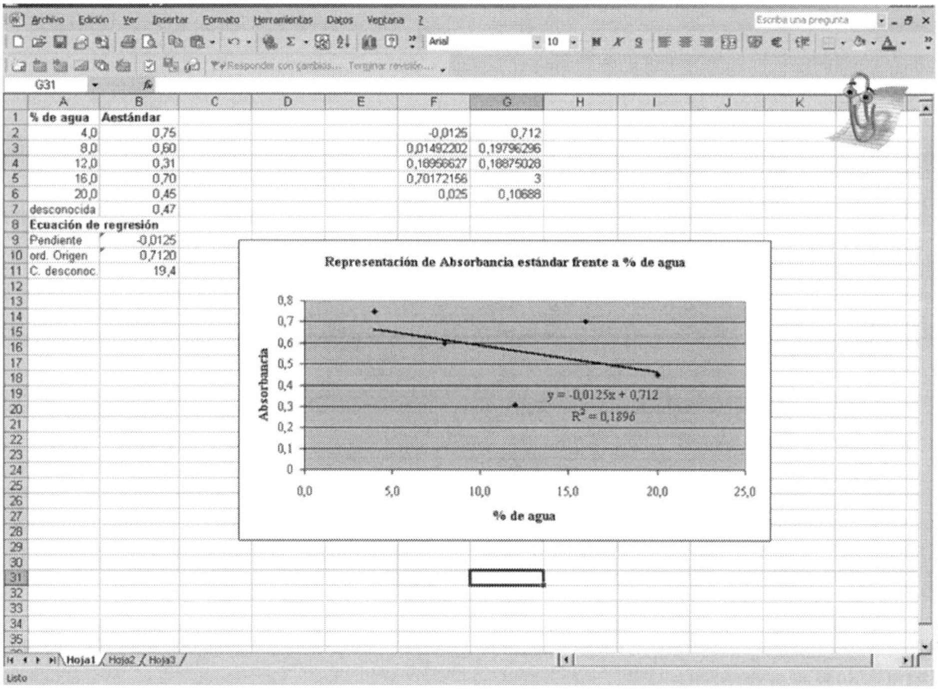

Si prescindimos de los puntos que se desvían de la linealidad y representamos sólo los 3 primeros valores de absorbancia del estándar frente a % de agua se obtiene una línea recta de las siguientes características: Pendiente = – 0,055; ordenada en el origen = 0,993; R^2 = 0,9674; F calculada mediante la función estimación lineal = 29,63 (celda E5). Como puede observarse, la gráfica es lineal.

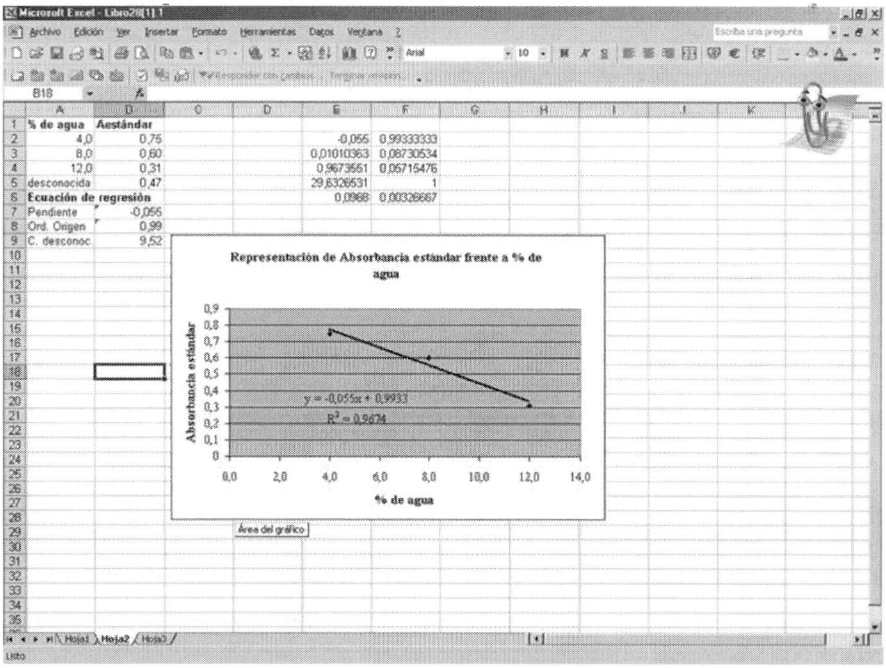

La concentración resultante de agua en la muestra es de 9,52%.

1.10.- (D) En matraces aforados de 50,00 mL se midieron, exactamente, partes alícuotas de 5,0 mL de una disolución de un compuesto orgánico barbitúrico y se llevaron a medio básico con disolución de NaOH. A cada matraz se añadieron los siguientes volúmenes de una disolución patrón de dicho barbitúrico de 2,00 µg mL^{-1}: 0,00; 0,50; 1,00; 1,50 y 2,00 mL y se enrasaron. Las señales fluorimétricas de las disoluciones fueron, respectivamente: 3,26; 4,80; 6,41; 8,02 y 9,56.

a) Representar gráficamente los datos (señales fluorimétricas frente al volumen añadido de disolución patrón).

b) Obtener por mínimos cuadrados una ecuación para dichos datos.

c) Determinar la concentración de barbitúrico a partir del apartado b).

d) Calcular la desviación estándar de la concentración obtenida en el apartado c).

a)

	A	B	C	D	E	F
1	**Determinación de un compuesto orgánico barbitúrico. Método de adición estándar**					
2	Concentración del estándar, Cs		2	ppm	3,164	3,246
3	Volumen de la muestra, Vx		5	mL	0,01616581	0,01979899
4	**Volumen del estándar añadido**	**Señal fluorimétrica medida**			0,99992169	0,02556039
5	0	3,26			38307	3
6	0,5	4,8			25,02724	0,00196
7	1	6,41				
8	1,5	8,02				
9	2	9,56				
10	**Ecuación de regresión**				**Documentación de la hoja de cálculo**	
11	Pendiente	3,164			CeldaB11=PENDIENTE(B5:B9;A5:A9)	
12	Intersección	3,246			CeldaB12 =INTERSECCION.EJE(B5:B9;A5:A9)	
13	Intersección del volumen	-1,025916561			CeldaB13=B12/B11	
14	Concentración desconocida	0,410366625	ppm		CeldaB14=-B13*C2/C3	
15	**Análisis del error**				CeldaB16=ERROR.TIPICO.XY(B5:B9;A5:A9)	
16	Error estándar en y	0,025560386			CeldaB17=CONTAR(B5:B9)	
17	N	5			CeldaB18=B17*VARP(A5:A9)	
18	Sxx	2,5			CeldaB19=PROMEDIO(B5:B9)	
19	y barra	6,41			CeldaB20=B16/B11*RAIZ(1/B17+((0-B19)^2)/((B11^2)*B18))	
20	Desviación estándar del volumen	0,010963381			CeldaB21=ABS(B14*B20/B13)	
21	Desviación estándar de C	0,004385353				

b)

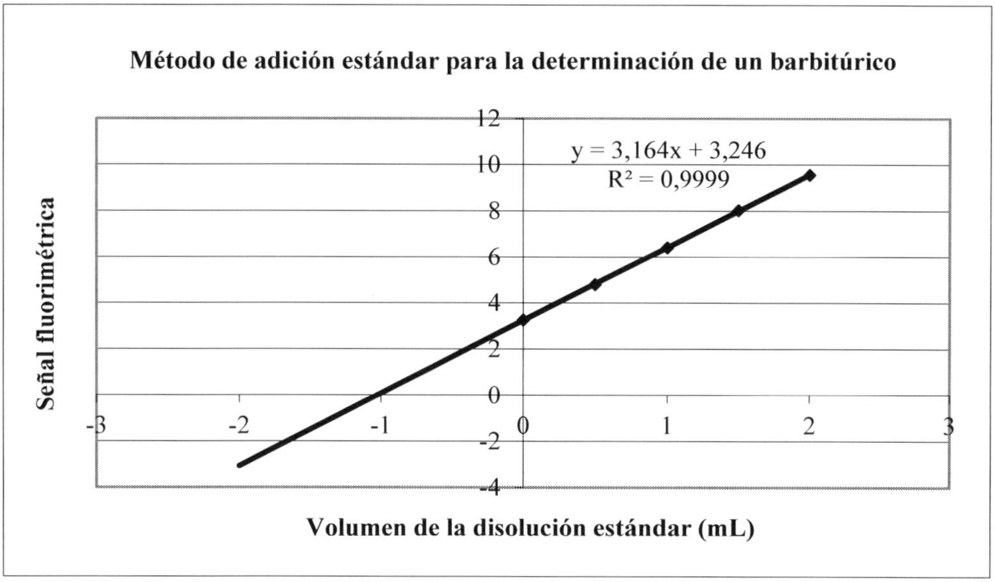

c) Según se observa en la celda B14 de la pantalla Excel: [barbitúrico] = 0,410 ppm

d) $s = 4{,}38 \cdot 10^{-3}$ ppm (celda B21)

1.11.- (D) Se llevó a cabo la determinación de cobre en una muestra acuosa pipeteando partes alícuotas de 10,0 mL de la muestra en cinco matraces aforados de 50,0 mL. Antes de enrasar, se añadió a cada matraz volúmenes distintos de una disolución patrón de 12,2 ppm de cobre y finalmente se enrasaron los matraces midiéndose las absorbancias recogidas en la tabla:

Muestra, mL	Patrón, mL	Absorbancia
10,0	0,0	0,201
10,0	10,0	0,292
10,0	20,0	0,378
10,0	30,0	0,467
10,0	40,0	0,554

a) Representar gráficamente los datos (absorbancia frente al volumen añadido de disolución patrón).
b) Deducir la ecuación que relaciona la absorbancia y el volumen de la disolución de patrón.
c) Calcular la desviación estándar de la pendiente y la desviación estándar de la regresión en b).
d) Determinar la concentración de cobre en la muestra, expresada en ppm.
e) Calcular la desviación estándar de la concentración obtenida en d).

a)

	A	B	C	D	E	F
1	**Determinación de cobre. Método de adición estándar**					
2	Concentración del estándar, Cs	12,2	ppm		0,00881	0,2022
3	Volumen de la muestra, Vx	10	mL		4,1231E-05	0,00100995
4	**Volumen del estándar añadido**	**Absorbancia**			0,9999343	0,00130384
5	0,0	0,201			45656,5294	3
6	10,0	0,292			0,0776161	5,1E-06
7	20,0	0,378				
8	30,0	0,467				
9	40,0	0,554				
10	**Ecuación de regresión**				**Documentación de la hoja de cálculo**	
11	Pendiente	0,00881			CeldaB11=PENDIENTE(B5:B9;A5:A9)	
12	Intersección	0,202			CeldaB12 =INTERSECCION.EJE(B5:B9;A5:A9)	
13	intersección del volumen	-22,95			CeldaB13=B12/B11	
14	Concentración desconocida	28,0	ppm		CeldaB14=-B13*B2/B3	
15	**Análisis del error**				CeldaB16=ERROR.TIPICO.XY(B5:B9;A5:A9)	
16	Error estándar en y	0,00130			CeldaB17=CONTAR(B5:B9)	
17	N	5			CeldaB18=B17*VARP(A5:A9)	
18	Sxx	1000			CeldaB19=PROMEDIO(B5:B9)	
19	y barra	0,378			CeldaB20=B16/B11*RAIZ(1/B17+((0-B19)^2)/((B11^2)*B18))	
20	Desviación estándar del volumen	0,21			CeldaB21=ABS(B14*B20/B13)	
21	desviación estándar de la concentración, c	0,26				

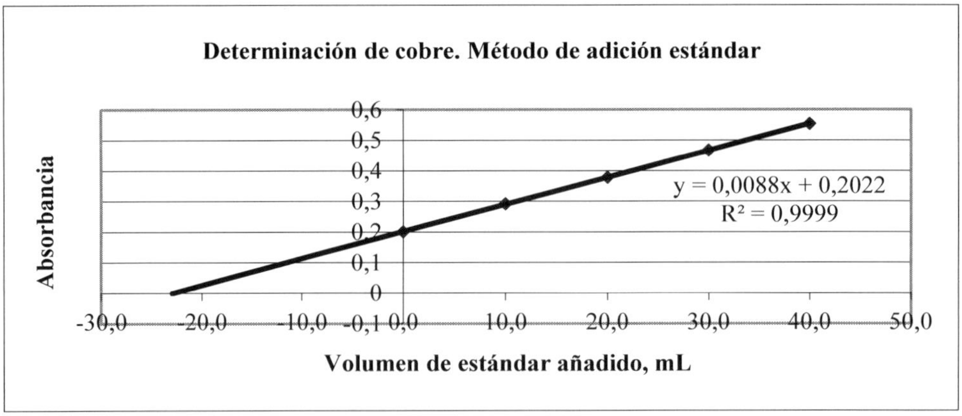

b) Absorbancia = 0,0088 V + 0,2022

c) Según se calcula en la hoja EXCEL: pendiente = $m = 8{,}81\cdot10^{-3}$

desviación estándar de la pendiente = $s_m = 4\cdot10^{-5}$

desviación estándar de la regresión = $s_r = 1{,}3\cdot10^{-3}$

d) [Cu] = 28,0 ppm (celda B14)

e) s = 0,26 ppm ~ 0,3 ppm (celda B21)

CONCEPTOS BÁSICOS

- Cifras significativas
- Exactitud y precisión: Introducción
- Conceptos de error. Parámetros de calidad para la exactitud y precisión
- Límites de detección y de cuantificación
- Uso de hoja de cálculo. Programa Excel
- Ejercicios resueltos

Cifras significativas

El valor final de un análisis se debe dar de tal manera que indique la exactitud del resultado, o lo que es lo mismo, se tendrá que poner un número de cifras significativas tal, que sea consecuente con la precisión del análisis, no disminuyendo la exactitud del valor obtenido con aproximaciones injustificadas en los cálculos.

Se llaman *cifras significativas* de un número a los dígitos o cifras (0, 1, 2, 3, ..., 9) representativos de una cantidad medida o calculada. Cuando se cuentan las cifras significativas, se sobrentiende que *el último dígito es dudoso*.

Reglas para saber el número de cifras significativas de una cantidad dada:

- Cualquier dígito diferente de cero es significativo.
  1338,56 6 cifras significativas
- Ceros entre dígitos distintos de cero son significativos.
  2100,5 5 cifras significativas
- Ceros a la izquierda del primer dígito distinto de cero no son significativos.
  0,0048 2 cifras significativas
  0,000267 3 cifras significativas
- Si el número es mayor que *1*, todos los ceros a la derecha de la coma decimal son significativos.
  758,12 5 cifras significativas
  800,00 5 cifras significativas
- Si el número es menor que *1*, entonces únicamente los ceros que están al final del número y entre los dígitos distintos de cero son significativos.
  0,0102 3 cifras significativas
  0,0200 3 cifras significativas
- Para los números que no contengan comas decimales, los ceros que están después del último dígito diferente de cero pueden ser o no significativos. Así, 800 puede tener una cifra significativa (el dígito 8), dos (80) o tres (800). Sin embargo, empleando notación científica se puede evitar esta ambigüedad. Así, en este caso particular puede expresarse como $8 \cdot 10^2$ para una cifra significativa, $8{,}0 \cdot 10^2$, para dos y $8{,}00 \cdot 10^2$ para tres.
- Se considera que cantidades definidas o contadas tienen un número ilimitado de cifras significativas.

Redondeo de cifras significativas

Cuando el número obtenido como resultado de un análisis se utilice en otros cálculos, puede conservarse el dígito siguiente a la última cifra significativa, para que ésta no se modifique en los procesos aritméticos que se han de realizar.

Las cifras superfluas se eliminan de la siguiente forma:

- Si el dígito que sigue a la última cifra que se quiere conservar es menor de 5, se prescinde de él; si es mayor de 5, se incrementará en 1 dicha última cifra. Por ejemplo, si se quieren dejar cuatro cifras significativas en los números 3,1542 y 6,2318, quedarán 3,154 y 6,232, respectivamente.

- Cuando la cifra que sigue a la última es 5 y no hay más cifras o sólo hay ceros, se aumentará en 1 si es impar y no se modificará si es par. Por ejemplo, 1,315 ó 1,3150 y 2,365 ó 2,3650 se convertirán en 1,32 y 2,36, respectivamente, cuando se quieran sólo tres cifras significativas.
- Cuando la cifra siguiente a la última que se conserva es 5 y hay detrás cifras distintas de cero, la última cifra significativa se aumenta en 1, sea par o impar. El número 1,3453 se pondrá como 1,35 si se quiere con tres cifras significativas.

No obstante, cuando el cálculo de resultados tiene varias etapas, aplicar las reglas anteriores puede ser laborioso y dar lugar a una acumulación de dígitos poco significativos. En esos casos se recurre al redondeo de resultados, como se explica a continuación.

Redondeo de resultados de una cantidad calculada matemáticamente

Si se opera con valores o datos obtenidos en los que el número de cifras significativas es distinto, se recurre a un redondeo del resultado final de manera que el número de aquellas coincida con el valor menos exacto. Este redondeo se realiza dependiendo de la operación matemática de la siguiente forma:

a) En la adición y sustracción el número de cifras significativas a la derecha de la coma decimal en la cantidad resultante está determinado por el número mínimo de cifras significativas a la derecha de la coma decimal en cualesquiera de los números originales. Considérense los siguientes ejemplos:
 89,332 + 1,1 = 90,432, al tener 1,1 una cifra después de la coma decimal se redondea a 90,4;
 2,097 – 0,12 = 1,977, al tener 0,12 dos cifras significativas después de la coma decimal se redondea a 1,98.

b) En el caso de la multiplicación y de la división, el número de cifras significativas del producto o el cociente es igual al menor número de cifras significativas en las cantidades originales. Los siguientes ejemplos muestran esta regla:
 2,8 x 4,5039 = 12,61092, se redondea a 13;
 6,85/112,04 = 0,0611388789, se redondea a 0,0611.

c) Debe tenerse presente que los números exactos obtenidos por definición o al contar un número de objetos pueden considerarse constituidos por una cantidad infinita de cifras significativas. Por ejemplo, si un objeto tiene una masa de 0,2786 g, entonces la masa de 8 objetos será:
 0,2876 x 8 = 2,229 g, en este caso no se redondea a una cifra significativa, porque el número 8 es en realidad 8,000000…, por definición.
 En forma parecida, para calcular la media de dos longitudes medidas 6,64 cm y 6,68 cm se escribe:

(6,64 cm + 6,68 cm)/2 = 6,66 cm, porque el número dos es en realidad 2,000000…, por definición.

Exactitud y precisión: introducción

La determinación del valor exacto de una magnitud física por métodos experimentales lleva siempre implícito un error, incluso cuando se mide una magnitud con los mejores instrumentos y métodos, con el mayor cuidado y habilidad, se encuentra que los resultados de sucesivas mediciones difieren entre sí en mayor o menor grado.

El valor más probable o que aparece mayor número de veces corresponde a la media aritmética de las medidas realizadas.

Estos problemas se agudizan al llevar a cabo un análisis químico cuantitativo, sujeto a posibles errores tanto físicos como químicos, los cuales será necesario evaluar para ver su influencia sobre el resultado final.

A continuación se exponen algunos conceptos necesarios para expresar los resultados de una manera correcta.

Media aritmética

Media aritmética de una serie de valores numéricos es igual al cociente entre la suma de dichos valores y el número de ellos.

$$\mu = \frac{\sum_{i=1}^{n} x_i}{n}$$

En química nunca se puede conocer toda la población, por lo que los parámetros estadísticos se van a referir a la muestra de que se dispone y se pasaría a denominar $\bar{x}$.

A partir de aquí, todos los parámetros a que nos refiramos serán parámetros muestrales, que se representan por letras latinas, mientras que los parámetros poblacionales se representarían por letras griegas.

Mediana

La mediana es el valor central de un conjunto de datos que se han ordenado por tamaño. Es muy útil cuando el conjunto de datos tiene un dato discordante, es decir, que difiere de manera significativa de los demás resultados del conjunto. Un dato discordante puede alterar notoriamente la media del conjunto, pero no la mediana.

La mediana de un conjunto impar de datos se evalúa directamente y para un conjunto par de datos, se toma como mediana el promedio del par de valores central.

Conceptos de error. Parámetros de calidad para la exactitud y precisión

Clasificación de los errores

Los errores pueden ser determinados e indeterminados:

- Los errores *determinados* son los que se pueden evitar o corregir una vez conocida su magnitud. A su vez pueden ser:
    - ✓ *constantes* cuando el error aparece siempre con el mismo signo y magnitud, por lo que son difíciles de descubrir,
    - ✓ *sistemáticos* cuando difieren no sólo en magnitud, sino también en signo.

- Los errores *indeterminados* son aquellos cuyas causas, magnitud y signo no pueden predecirse ni calcularse. La naturaleza de los mismos hace imposible encontrar ejemplos que los alcancen; de ahí que constituyan los llamados errores fortuitos o al azar. No obstante, existen fuentes de errores considerados indeterminados, que con un cambio en las condiciones o en el método de análisis son posibles de corregir o eliminar.

Es poco probable obtener errores de igual signo y magnitud con métodos de análisis diferentes.

Error absoluto

Se define el error absoluto de una medición, E_A, como la diferencia entre el valor observado o medido, x, y el valor real de la cantidad medida, μ. Su expresión es:

$$E_a = x - \mu$$

y sus unidades las mismas que las de la magnitud medida.

Error relativo: exactitud

Generalmente los errores no se expresan en valores absolutos, sino en valores relativos, es decir, con respecto al valor real, μ. Al cociente entre el error absoluto y el valor real se le llama error relativo, E_r. Es decir:

$$E_r = \frac{E_a}{\mu}$$

Se suele expresar en tanto por ciento o en partes por mil, para lo que basta multiplicar el resultado por cien o por mil, respectivamente.

El error relativo respecto al valor verdadero tiene un significado práctico que no lo tiene el error absoluto. Por ejemplo: si se habla de un error de 0,1 gramos en la determinación de una pesada sin especificar nada más, no se puede saber a priori si la pesada es aceptable o no. No es lo mismo un error de 0,1 gramos en una cantidad pequeña en gramos que sobre una cantidad grande. Por el contrario, si decimos que se ha cometido un error del 0,1% se sabe que en una pesada de, por ejemplo, 100 g nos hemos podido equivocar en una décima.

Al valor del error relativo, E_r, se le llama exactitud de una medición. Expresa la concordancia de las medidas realizadas con el valor verdadero.

Desviación de una medida: precisión

Hay ocasiones en las que no se conoce el valor real de una magnitud, que debe hallarse experimentalmente en un laboratorio. Para ello, se realizan una serie de mediciones y se calcula su media aritmética o valor medio. La diferencia entre el valor de una medida aislada, x y el valor medio, $\overline{x}$, es la *desviación absoluta*: $D_A = x - \overline{x}$.

Del mismo modo que ocurría con los errores, la desviación absoluta es poco significativa. Tiene más significación práctica la desviación relativa, D_R, que viene dada por el valor de la desviación absoluta respecto al valor medio $D_A / \overline{x}$.

Se puede expresar también en tanto por ciento $(D_A / \overline{x}) \cdot 100$ o en partes por mil $(D_A / \overline{x}) \cdot 1000$.

El valor de la desviación relativa, D_R, establece la *precisión* de una medida. Expresa la reproducibilidad de la misma.

Al conjunto de exactitud y precisión se le llama *veracidad de una medición*.

Conocidos ya los conceptos de exactitud y precisión, es fácil comprender que alcanzar exactitud en una medida sin precisión es prácticamente imposible, pero que precisión no implica de ninguna manera exactitud.

Vamos a aclarar estas ideas con un ejemplo:

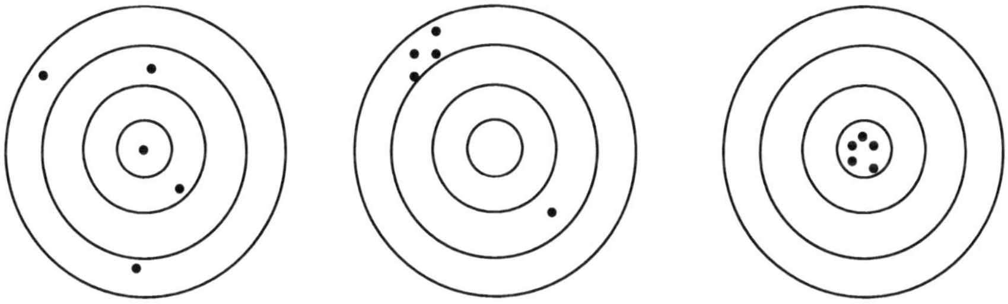

a) b) c)

La figura representa tres blancos de rifle, en cada uno de los cuales hay cinco impactos de bala. En (a) los impactos no son ni precisos ni exactos. Las desviaciones son grandes, y tanto el error como la desviación relativos no nos llevarían a ningún resultado convincente. En (b) los impactos son más precisos, pero no exactos; el impacto que está más abajo a la derecha debe rechazarse para el cálculo de la precisión por su exagerada desviación. De la misma forma se deberá rechazar un resultado de laboratorio que presente tan gran desviación. La localización de los otros cuatro impactos indica claramente la precisión de un error determinado constante, que puede ser inherente al rifle o a las condiciones de operación. En (c) los impactos son exactos y precisos.

Uno de los métodos entre los que existen para determinar el rechazo de un resultado es el siguiente:

- ✓ Cuando en una serie de cuatro o más valores, uno difiere mucho de los demás, se prescinde de él provisionalmente para el cálculo del valor medio, $\bar{x}$, y de la desviación media, D_M (media aritmética de las desviaciones).
- ✓ Si el cociente de la desviación del resultado dudoso y la desviación media es mayor de 2,5, se descarta definitivamente.

Otros parámetros de calidad para la precisión

Varianza

Varianza de un conjunto de n valores, x_1, x_2, ... x_n, es la media aritmética de los cuadrados de sus desviaciones respecto de la media.

$$v = s^2 = \frac{\sum_{i=1}^{n}\left(x_i - \bar{x}\right)^2}{n-1}$$

La varianza se mide en las unidades de la variable elevadas al cuadrado.

Donde $n - 1$ es el número de medidas independientes, τ, denominados grados de libertad.

La varianza mide la dispersión con respecto a la media aritmética, por lo tanto, sólo debe utilizarse cuando se elige ésta como medida de centralización.

La varianza es siempre positiva, y sólo toma el valor cero cuando todos los valores de la variable son iguales, es decir, hay ausencia total de dispersión. En los demás casos, cuanto mayor es la dispersión de los datos con respecto a la media, tanto mayor será el valor de la varianza.

Desviación típica

Otra medida de la dispersión muy empleada, y quizá la más útil, es la **desviación típica**, que es la raíz cuadrada de la varianza, y se representa por s.

$$s = \sqrt{\frac{\sum_{i=1}^{n} \left(x_i - \bar{x}\right)^2}{n-1}}$$

La desviación típica se mide en las mismas unidades que la variable. También se llama desviación estándar o desviación normal.

Cuando el número de datos de una población es suficientemente grande la desviación típica se calcula de la siguiente forma:

$$\sigma = \sqrt{\frac{\sum_{i=1}^{n} (x_i - \mu)^2}{n}}$$

Coeficiente de variación

Como la varianza y la desviación típica dependen de la unidad de medida que se emplea para medir la variable y esto supone un grave inconveniente, cuando se quiere comparar la dispersión de medidas con distintas escalas, entonces se utiliza el coeficiente de variación, que no tiene unidades, y es el cociente entre la desviación típica y la media. Suele expresarse en porcentaje, y su expresión es:

$$CV = \frac{s}{\bar{x}} \times 100$$

Error relativo sobre el valor medio

La precisión también puede expresarse en términos de error como error relativo sobre el valor medio definido como:

$$\frac{\sigma_m t}{\bar{x}} \times 100$$

Desviación estándar de la media o error tipo

La desviación estándar de la media es el cociente entre la desviación típica y la raíz cuadrada del número de observaciones:

$$s_m = \frac{s}{\sqrt{n}} = \sqrt{\frac{\sum_{i=1}^{n} \left(x_i - \bar{x}\right)^2}{n(n-1)}}$$

Sesgo

El sesgo mide el error sistemático o determinado de un método de análisis. Se define mediante la ecuación:

$$sesgo = \mu - x_v$$

μ = media de la población
x_v = valor verdadero

Se puede suponer que la media de 20 o 30 análisis es una buena estimación para μ. Cualquier diferencia entre esta media y el valor de referencia se puede atribuir al sesgo.

Sensibilidad

Una práctica habitual para tratar de eliminar o minimizar los errores sistemáticos que puedan aparecer en las mediciones experimentales debido a los instrumentos de medida consiste en calibrarlos utilizando la metodología estadística de la regresión lineal (curva de calibrado).

La sensibilidad de un instrumento o de un método es una medida de su capacidad de diferenciar pequeñas variaciones en el valor de la medida de concentración. Entre dos métodos que tengan igual precisión, será más sensible aquel cuya curva de calibrado tenga mayor pendiente.

Cuando la curva de calibrado es lineal se puede representar mediante la ecuación:

$$S = m \cdot c + S_{bl}$$

S = señal medida;
c = concentración;
S_{bl} = señal instrumental de un blanco, intersección de la recta con el *eje y*;
m: pendiente de la línea recta.

En este caso la sensibilidad de calibrado es igual a m (pendiente de la recta).

La sensibilidad de calibrado tiene el inconveniente de no tener en cuenta la precisión de las medidas individuales, por eso se define la sensibilidad analítica, γ:

$$\gamma = \frac{m}{s_s}$$

m = pendiente de la recta;
s_s = desviación estándar de las medidas.

La desventaja de la sensibilidad analítica es que generalmente depende de la concentración, ya que S_S puede variar con ella.

Límites de detección y cuantificación

Límite de detección

El límite de detección (*LD*) es la mínima cantidad o concentración que se puede detectar para un nivel de confianza dado. En términos generales se puede describir como aquella concentración que proporciona una señal en el instrumento (*y*) significativamente diferente de la "señal del blanco" o "ruido de fondo".

Al aproximarnos al límite de detección, la señal analítica y su desviación estándar se aproximan a la señal del blanco y a su desviación estándar. Así, la mínima señal distinguible se considera que es igual a la suma de la señal media del blanco más un múltiplo de la desviación estándar del mismo.

$$S_m = \overline{S_{bl}} + k \cdot s_{bl}$$

S_m = mínima señal distinguible;
$\overline{S_{bl}}$ = media de la señal del blanco;
k = 0, 1, 2, 3, ... Un valor de k = 2 nos dará un nivel de confianza de la detección de 92,1%. Un valor de k = 3 nos dará el nivel de confianza de la detección de un 98,3%.
s_{bl} = desviación estándar del blanco.

Finalmente, el límite de detección se calcula con la siguiente ecuación:

$$LD = \frac{S_m - \overline{S}_{bl}}{m} = \frac{3\, s_{bl}}{m}$$

m = pendiente de la recta.

Límite de cuantificación

El límite de cuantificación, *LC* (*LOQ*), es la concentración más pequeña a la que se pueden realizar medidas cuantitativas. Su cálculo se realiza de la siguiente forma:

$$S_m = \overline{S_{bl}} + k \cdot s_{bl}$$

S_m = señal de concentración mínima para medidas cuantitativas;
$\overline{S_{bl}}$ = media de la señal del blanco;
k = 10;
s_{bl} = desviación estándar del blanco.

$$LC = \frac{S_m - \overline{S}_{bl}}{m} = \frac{10\, s_{bl}}{m}$$

Uso de hoja de cálculo. Programa Excel

En este apartado aprenderemos a hacer estos cálculos utilizando las funciones de Excel.

Cálculo de la media aritmética. En el programa de Excel se le denomina *promedio*. Lo veremos por medio de un ejemplo.

Se escriben los datos en una columna de la hoja de cálculo, a continuación se seleccionan con el cursor y en la barra de herramientas, en donde aparece el símbolo Σ, se despliega la flecha y se pulsa "promedio" y aparecerá el resultado de la media aritmética en la casilla a continuación de los datos.

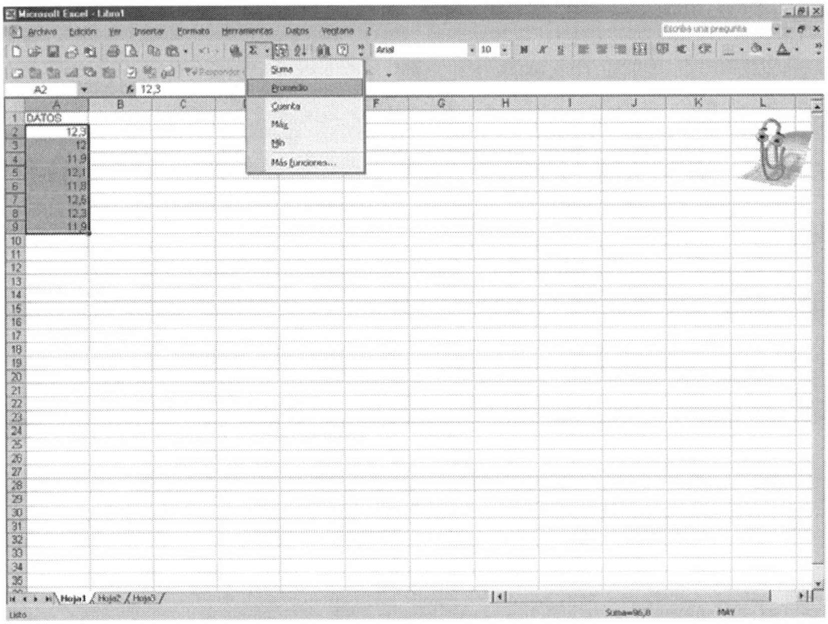

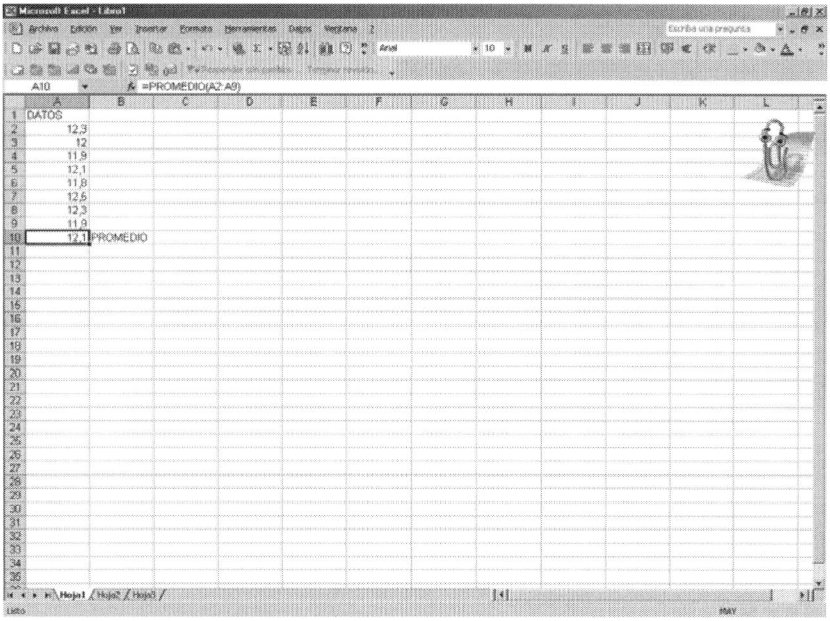

Cálculo de la desviación típica. En el programa de Excel se le denomina *desvest*. Lo veremos por medio de un ejemplo.

Se escriben los datos en una columna de la hoja de cálculo, se marca la casilla siguiente con el cursor, a continuación se seleccionan con el cursor en la barra de herramientas, en donde aparece el símbolo $\sum$, se despliega la flecha y se pulsa "otras funciones", y dentro de éstas, se selecciona *desvest*, como se observa en la figura:

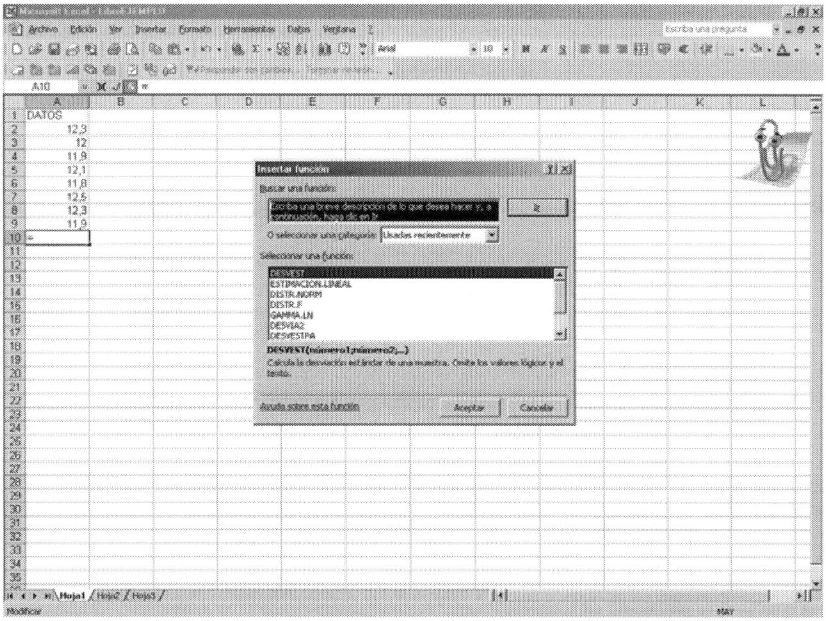

El cursor aparece seleccionando la casilla siguiente al último dato y elegida la función en el desplegable se pulsa aceptar y aparecerá la siguiente pantalla:

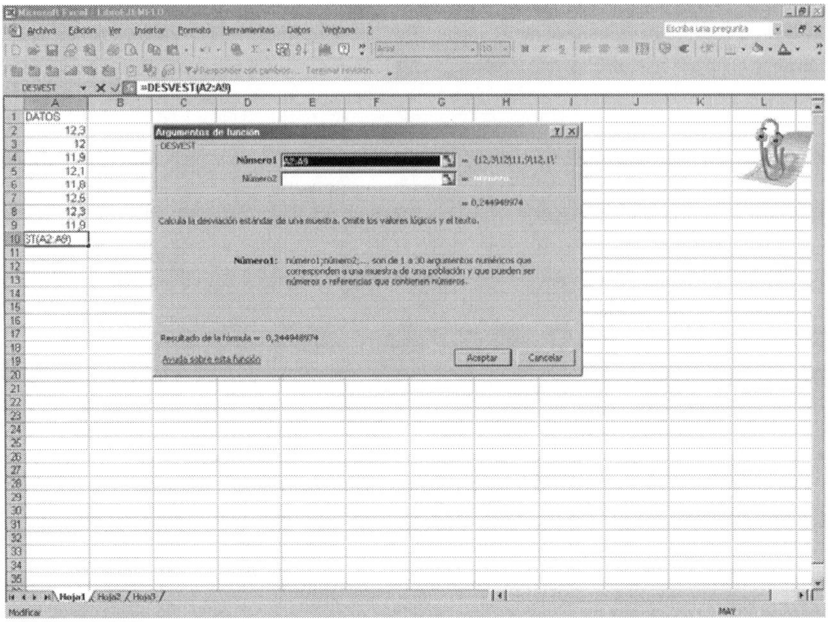

Y se pulsa aceptar para que aparezca el resultado de la desviación típica.

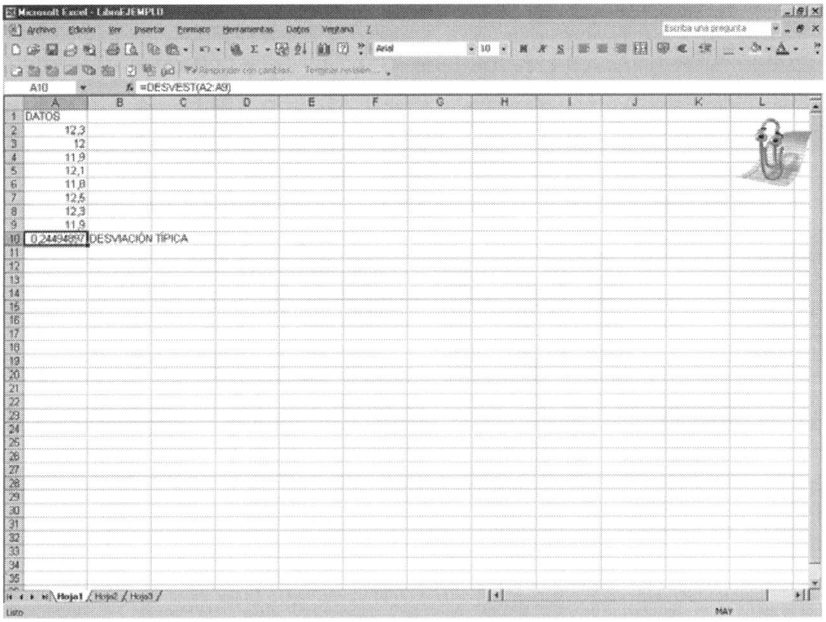

El resultado aparece en la casilla previamente seleccionada.

Otros parámetros estadísticos. Si el parámetro que queremos calcular no aparece en el desplegable, se puede obtener de la siguiente forma: por ejemplo, para la varianza, que en el programa de Excel se denomina *var*. Se verá con un ejemplo.

Se escriben los datos en una columna de la hoja de cálculo, se marca la casilla siguiente con el cursor, se escribe en ella lo siguiente: "=VAR(A2:A9)", se pulsa "intro" y aparecerá el valor de la varianza.

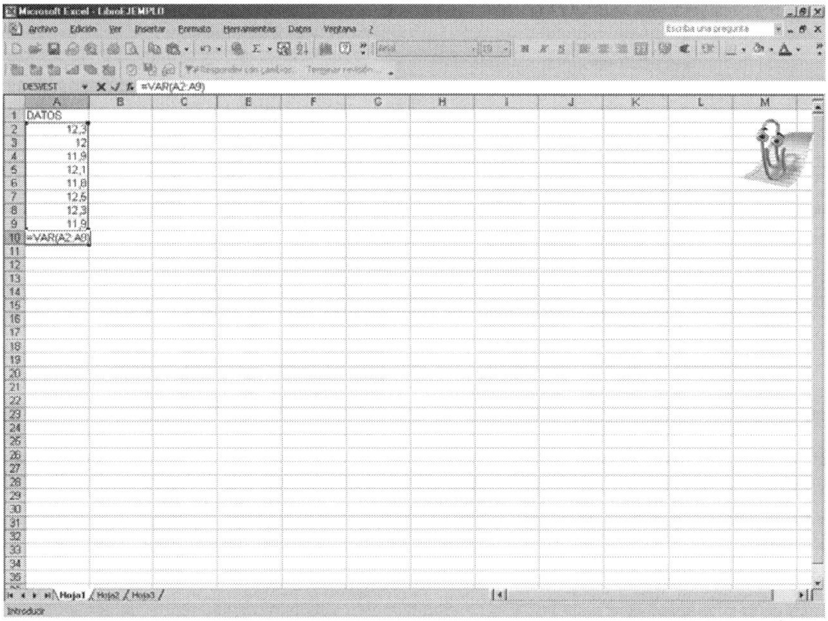

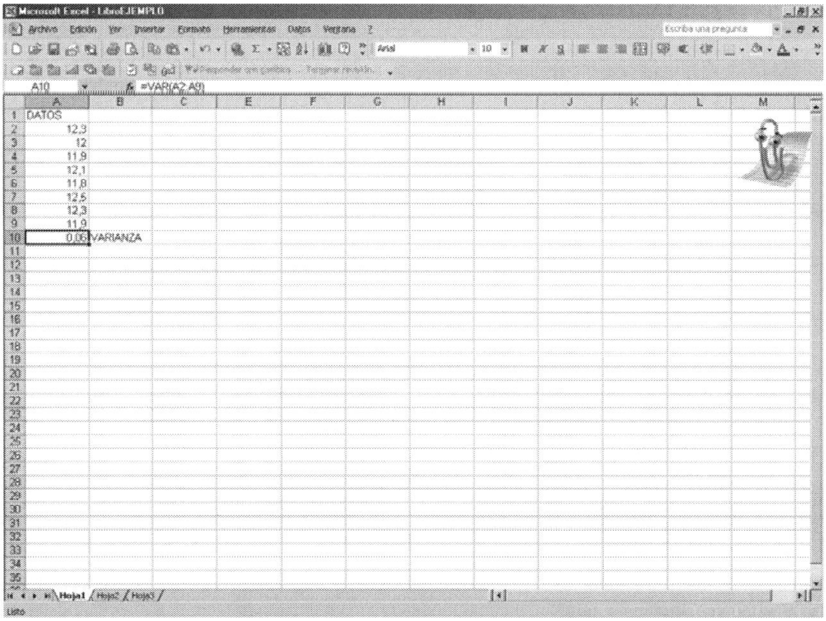

Ejercicios resueltos

2.1.- (F) Se determina el porcentaje de cinc en un latón de alta maquinabilidad, muy resistente a la corrosión, encontrándose para 3 determinaciones llevadas a cabo en paralelo los siguientes resultados: 35,76; 35,38 y 35,30%. Si se sabe que el valor correcto es 34,32%. Calcular: a) el valor medio obtenido en el análisis, b) la desviación típica y c) el error relativo de este resultado expresado en %.

a) $\bar{x} = \dfrac{\sum_{i=1}^{n} x_i}{n}$ $\qquad \bar{x} = \dfrac{35{,}76 + 35{,}38 + 35{,}30}{3}$ $\qquad \bar{x} = 35{,}48\%$

b) $s = \sigma = \sqrt{\dfrac{\sum_{i=1}^{n} (x_i - \bar{x})^2}{n-1}}$ $\qquad s = \sigma = \sqrt{\dfrac{0{,}28^2 + (-0{,}10)^2 + (-0{,}18)^2}{3-1}}$

$s = \sigma = 0{,}25\%$

c) $\textit{error relativo} = \dfrac{\bar{x} - \mu}{\mu} \cdot 100 = \dfrac{35{,}48 - 34{,}32}{34{,}32} \cdot 100$ $\qquad$ error relativo = 3,38%

El error relativo obtenido se considera moderadamente alto.

2.2.- (F) Al realizar 7 determinaciones del contenido en plata de una moneda antigua se obtuvieron los siguientes valores (%): 93,18; 92,96; 92,88; 93,21; 93,01; 93,10; 93,08. Calcular el valor medio del porcentaje de plata; la desviación estándar o típica y la desviación estándar de la media.

$\bar{x} = \dfrac{\sum_{i=1}^{n} x_i}{n}$ $\qquad \bar{x} = \dfrac{93{,}18 + 92{,}96 + 92{,}88 + 93{,}21 + 93{,}01 + 93{,}10 + 93{,}08}{7}$

$\bar{x} = 93{,}06\%$

$s = \sigma = \sqrt{\dfrac{\sum_{i=1}^{n} (x_i - \bar{x})^2}{n-1}}$

$$s = \sigma = \sqrt{\frac{0{,}12^2 + (-0{,}10)^2 + (-0{,}18)^2 + 0{,}15^2 + (-0{,}05)^2 + 0{,}04^2 + 0{,}02^2}{7-1}}$$

$$s = \sigma = 0{,}12\%$$

$$\sigma_m = \frac{s}{\sqrt{n}} \qquad \sigma_m = \frac{0{,}12}{\sqrt{7}} = 0{,}045\%$$

2.3.- (F) El punto de fusión de la aspirina pura es 135 ºC. En el laboratorio de control de calidad de una industria, dos farmacéuticos obtienen los valores que se dan en la tabla siguiente. Calcular:

a) El valor medio y la desviación media para cada farmacéutico.

b) El error absoluto para cada conjunto de datos.

c) ¿Cuál de los 2 farmacéuticos tuvo más precisión? ¿Cuál fue el más exacto?

Farmacéutico A	Farmacéutico B
134 ºC	138,2 ºC
136 ºC	137,5 ºC
133 ºC	138,1 ºC
138 ºC	138,3 ºC

a) Farmacéutico A:

$$\bar{x}_A = \frac{\sum_{i=1}^{n} x_{i(A)}}{n} \qquad \bar{x}_A = \frac{134 + 136 + 133 + 138}{4} \qquad \bar{x}_A = 135{,}3\,^\circ C \cong 135\,^\circ C$$

$$desviación\ media = \frac{\sum_{i=1}^{n} \left| x_{i(A)} - \bar{x} \right|}{n}$$

$$desviación\, media(A) = \frac{1 + 1 + 2 + 3}{4} \qquad desviación\ media\ (A) = 2\,^\circ C$$

Farmacéutico B:

$$\bar{x}_B = \frac{\sum_{i=1}^{n} x_{i(B)}}{n} \qquad \bar{x}_B = \frac{138{,}2 + 137{,}5 + 138{,}1 + 138{,}3}{4} \qquad \bar{x}_B = 138{,}0\,^\circ C$$

$$desviación\ media = \frac{\sum_{i=1}^{n} \left| x_{i(B)} - \bar{x} \right|}{n}$$

$$desviación media(B) = \frac{0{,}2 + 0{,}5 + 0{,}1 + 0{,}3}{4} \qquad desviación\ media\ (B) = 0{,}3\ ^{\circ}C$$

Farmacéutico A: $(135 \pm 2)^{\circ}C$

Farmacéutico B: $(138{,}0 \pm 0{,}3)^{\circ}C$

b)

Farmacéutico A: $E_{a(A)} = \overline{x}_A - \mu = 135 - 135 = 0\ ^{\circ}C$

Farmacéutico B: $E_{a(B)} = \overline{x}_B - \mu = 138{,}0 - 135{,}0 = 3{,}0\ ^{\circ}C$

c)

El farmacéutico B es el más preciso ya que: ± 0,3 ºC < ± 2 ºC

El farmacéutico A es el más exacto: 0 ºC < 3,0 ºC

2.4.- (F) En un laboratorio de investigación se trata de evaluar la reproducibilidad de un método analítico. Para ello se preparan 10 disoluciones de la misma concentración de Ti (IV) y se leen sus absorbancias a 366 nm en un espectrofotómetro. Los datos obtenidos son los siguientes:

Matraz	Absorbancia
1	1,478
2	1,483
3	1,476
4	1,489
5	1,487
6	1,496
7	1,486
8	1,477
9	1,469
10	1,473

Calcular la media aritmética, la desviación típica, la varianza, la desviación estándar de la media y el coeficiente de variación para estos datos.

$$\bar{x} = \frac{\sum_{i=1}^{n} x_i}{n}$$

$$\bar{x} = \frac{1{,}478 + 1{,}483 + 1{,}476 + 1{,}489 + 1{,}487 + 1{,}496 + 1{,}486 + 1{,}477 + 1{,}469 + 1{,}473}{10}$$

$$\bar{x} = 1{,}481$$

$$s = \sigma = \sqrt{\frac{\sum_{i=1}^{n} \left(x_i - \bar{x}\right)^2}{n-1}}$$

$$s = \sigma = \sqrt{\frac{0{,}003^2 + 0{,}002^2 + 2 \cdot 0{,}005^2 + 2 \cdot 0{,}008^2 + 0{,}006^2 + 0{,}015^2 + 0{,}004^2 + 0{,}012^2}{10-1}}$$

(Las desviaciones se ponen todas positivas porque al elevarlas al cuadrado darán el mismo resultado).

$s = \sigma = 0{,}0082$

Varianza : $\sigma^2 = s^2 = 0{,}0082^2 = 6{,}8 \cdot 10^{-5}$

$$\sigma_m = \frac{s}{\sqrt{n}} \qquad \sigma_m = \frac{0{,}0082}{\sqrt{10}} = 0{,}0026$$

Error relativo sobre el valor medio: $CV = \frac{s}{\bar{x}} \cdot 100 = \frac{0{,}0082}{1{,}481} \cdot 100 = 0{,}55\%$

2.5.- (M) Una muestra estándar de suero sanguíneo contiene 42,0 g de albúmina/L. Cuatro laboratorios realizan seis determinaciones cada uno (en el mismo día) de la concentración de albúmina, con los siguientes resultados (en g L^{-1}):

Laboratorio A	**42,5**	**41,6**	**42,1**	**41,9**	**41,1**	**42,2**
Laboratorio B	**39,8**	**43,6**	**42,1**	**40,1**	**43,9**	**41,9**
Laboratorio C	**43,5**	**42,8**	**43,8**	**43,1**	**42,7**	**43,3**
Laboratorio D	**42,2**	**41,6**	**42,0**	**41,8**	**42,6**	**39,0**

Calcular la exactitud y la precisión de cada una de estas series de resultados. Comentar los resultados.

Laboratorio A:

$$\bar{x}_A = \frac{\sum_{i=1}^{n} x_{i(A)}}{n} \qquad \bar{x}_A = \frac{42{,}5 + 41{,}6 + 42{,}1 + 41{,}9 + 41{,}1 + 42{,}2}{6}$$

$$\bar{x}_A = 41{,}9 \ \text{g L}^{-1}$$

error absoluto (medida de la exactitud):

$$E_{a(A)} = \bar{x}_A - \mu (valor\, verdadero) = 41{,}9 - 42{,}0 = -0{,}1 \ \text{g L}^{-1}$$

$$s_A = \sqrt{\frac{\sum_{i=1}^{n} \left(x_{i(A)} - \bar{x}\right)^2}{n-1}}$$

$$s_A = \sqrt{\frac{0{,}6^2 + (-0{,}3)^2 + 0{,}2^2 + 0{,}0^2 + (-0{,}8)^2 + 0{,}3^2}{6-1}} \qquad s_A = 0{,}49 \ \text{g L}^{-1}$$

Laboratorio B:

$$\bar{x}_B = \frac{\sum_{i=1}^{n} x_{i(\mathrm{B})}}{n} \qquad \bar{x}_B = \frac{39{,}8 + 43{,}6 + 42{,}1 + 40{,}1 + 43{,}9 + 41{,}9}{6}$$

$$\bar{x}_B = 41{,}9 \ \text{g L}^{-1}$$

error absoluto: $E_{a(B)} = \bar{x}_B - \mu = 41{,}9 - 42{,}0 = -0{,}1 \ \text{g L}^{-1}$

$$s_B = \sqrt{\frac{\sum_{i=1}^{n} \left(x_{i(B)} - \bar{x}\right)^2}{n-1}}$$

$$s_B = \sqrt{\frac{(-2{,}1)^2 + 1{,}7^2 + 0{,}2^2 + (-1{,}8)^2 + 2{,}0^2 + 0{,}0^2}{6-1}} \qquad s_B = 1{,}71 \ \text{g L}^{-1}$$

Laboratorio C:

$$\bar{x}_C = \frac{\sum_{i=1}^{n} x_{i(C)}}{n} \qquad \bar{x}_C = \frac{43{,}5 + 42{,}8 + 43{,}8 + 43{,}1 + 42{,}7 + 43{,}3}{6}$$

$$\bar{x}_C = 43{,}2 \text{ g L}^{-1}$$

error absoluto: $E_{a(C)} = \bar{x}_C - \mu = 43{,}2 - 42{,}0 = 1{,}2 \text{ g L}^{-1}$

$$s_C = \sqrt{\frac{\sum_{i=1}^{n}\left(x_{i(C)} - \bar{x}\right)^2}{n-1}}$$

$$s_C = \sqrt{\frac{0{,}3^2 + (-0{,}4)^2 + 0{,}6^2 + (-0{,}1)^2 + (-0{,}5)^2 + 0{,}1^2}{6-1}} \qquad s_C = 0{,}42 \text{ g L}^{-1}$$

Laboratorio D:

$$\bar{x}_D = \frac{\sum_{i=1}^{n} x_{i(D)}}{n} \qquad \bar{x}_D = \frac{42{,}2 + 41{,}6 + 42{,}0 + 41{,}8 + 42{,}6 + 39{,}0}{6}$$

$$\bar{x}_D = 41{,}5 \text{ g L}^{-1}$$

error absoluto: $E_{a(D)} = \bar{x}_D - \mu = 41{,}5 - 42{,}0 = -0{,}5 \text{ g L}^{-1}$

$$s_D = \sqrt{\frac{\sum_{i=1}^{n}\left(x_{i(D)} - \bar{x}\right)^2}{n-1}}$$

$$s_D = \sqrt{\frac{0{,}7^2 + 0{,}1^2 + 0{,}5^2 + 0{,}3^2 + 1{,}1^2 + (-2{,}5)^2}{6-1}} \qquad s_D = 1{,}29 \text{ g L}^{-1}$$

LABORATORIO	EXACTITUD (g L^{-1})	PRECISIÓN (g L^{-1})
A	– 0,1	0,49
B	– 0,1	1,71
C	1,2	0,42
D	– 0,5	1,29

Los laboratorios A y B son los más exactos, el C el más preciso.

EXACTITUD: A = B > D > C
PRECISIÓN: C > A > D > B

2.6.- (F) En un laboratorio se quiere saber con precisión la masa de un vidrio de reloj. Un técnico de laboratorio A realiza 4 pesadas en una balanza, y un segundo técnico B, realiza otras 4 pesadas utilizando otra balanza diferente.

a) Haciendo uso de los datos que se dan en la tabla siguiente, calcular el valor medio y la desviación media para cada técnico.

b) Suponiendo que la masa tasada es de 18,054 g, calcular los errores experimentales de los técnicos A y B. Indicar cuál de ellos es más exacto.

Técnico A	Técnico B
18,246 g	17,9 g
18,244 g	18,0 g
18,246 g	17,8 g
18,248 g	18,1 g

a) Técnico A:

$$\bar{x}_A = \frac{\sum_{i=1}^{n} x_{i(A)}}{n}$$

$$\bar{x}_A = \frac{18{,}246 + 18{,}244 + 18{,}246 + 18{,}248}{4} \qquad \bar{x}_A = 18{,}246\ g$$

$$desviación\ media(A) = \frac{\sum_{i=1}^{n} \left| x_{i(A)} - \bar{x} \right|}{n} = \frac{0{,}000 + 0{,}002 + 0{,}000 + 0{,}002}{4}$$

$$desviación \quad media(A) = 0{,}001\,g$$

Técnico B:

$$\bar{x}_B = \frac{\sum_{i=1}^{n} x_{i(B)}}{n}$$

$$\bar{x}_B = \frac{17{,}9 + 18{,}0 + 17{,}8 + 18{,}1}{4} \qquad \bar{x}_B = 18{,}0\ g$$

$$desviación\ media\ (B) = \frac{\sum_{i=1}^{n} \left| x_{i(B)} - \bar{x} \right|}{n} = \frac{0{,}1 + 0{,}0 + 0{,}2 + 0{,}1}{4}$$

$desviación \quad media(B) = 0,1\, g$

El técnico A presenta los valores más precisos: $(18,246 \pm 0,001)$g

El técnico B obtiene valores con menor precisión: $(18,0 \pm 0,1)$g

b) El error es la diferencia entre los valores experimentales y los aceptados como verdaderos. El resultado más exacto es aquel con error más pequeño.

Técnico A: $E_{a(A)} = \bar{x}_A - \mu = 18,246 - 18,054 = 0,192\, g$

Técnico B: $E_{a(B)} = \bar{x}_B - \mu = 18,0 - 18,1 = -0,1\, g$

Los resultados del técnico B son más exactos: – 0,1 g < 0,192 g

2.7.- (M) Se llevó a cabo la determinación de cadmio en partes alícuotas de una muestra de agua residual por dos métodos analíticos distintos, obteniéndose los resultados siguientes expresados en ppm:

Método A	**2,24**	**2,26**	**2,25**	**2,27**	**2,30**	**2,24**
Método B	**2,30**	**2,31**	**2,31**	**2,29**	**2,29**	**2,30**

Determinar para cada método: el recorrido, la media aritmética, la desviación estándar y la desviación estándar de la media, indicando cuál de las dos es más precisa y justificando la respuesta.

W (recorrido) = diferencia en valor absoluto entre los valores máximo y mínimo del conjunto de resultados

Método A: $W = |X_{máx} - X_{mín}| = |2,30 - 2,24| = 0,06$ ppm

Método B: $W = |X_{máx} - X_{mín}| = |2,31 - 2,29| = 0,02$ ppm

$$\bar{x} = \frac{\sum_{i=1}^{n} x_i}{n} \qquad s = \sigma = \sqrt{\frac{\sum_{i=1}^{n}\left(x_i - \bar{x}\right)^2}{n-1}} \qquad \sigma_m = \frac{s}{\sqrt{n}}$$

Método A:

$$\bar{x} = \frac{2,24 + 2,26 + 2,25 + 2,27 + 2,30 + 2,24}{6} \qquad \bar{x} = 2,26 \text{ ppm}$$

$$s=\sigma=\sqrt{\frac{0{,}02^2\cdot 2+0{,}01^2\cdot 2+0{,}04^2}{6-1}} \qquad s=\sigma=0{,}023=2{,}3\cdot 10^{-2}\ \text{ppm}$$

$$\sigma_m=\frac{2{,}3\cdot 10^{-2}}{\sqrt{6}}=9{,}4\cdot 10^{-3}\ \text{ppm}$$

Método B:

$$\bar{x}=\frac{2{,}30+2{,}31+2{,}31+2{,}29+2{,}29+2{,}30}{6} \qquad \bar{x}=2{,}30\ \text{ppm}$$

$$s=\sigma=\sqrt{\frac{0{,}01^2\cdot 4}{6-1}} \qquad s=\sigma=0{,}0089=8{,}9\cdot 10^{-3}\ \text{ppm}$$

$$\sigma_m=\frac{8{,}9\cdot 10^{-3}}{\sqrt{6}}=3{,}6\cdot 10^{-3}\ \text{ppm}$$

A la vista de los resultados del recorrido, la desviación estándar y la desviación estándar de la media se observa que los valores obtenidos son menores para el método B, por lo que es el más preciso.

2.8.- (M) En el análisis de níquel en una muestra patrón de acero aleado con valor certificado de 4,27%, se han obtenido los siguientes valores expresados en porcentaje en masa:
4,20; 4,28; 4,26; 4,20; 4,25; 4,28; 4,26; 4,25; 4,26
Calcular los parámetros estadísticos necesarios para determinar si el método es: a) exacto; b) preciso. Justificar la respuesta.

a)

$$\bar{x}=\frac{\sum_{i=1}^{n}x_i}{n} \qquad \bar{x}=\frac{4{,}20\cdot 2+4{,}25\cdot 2+4{,}26\cdot 3+4{,}28\cdot 2}{9} \qquad \bar{x}=4{,}25\%$$

error absoluto (medida de la exactitud):

$$E_a=\bar{x}-\mu(\textit{valor verdadero})=4{,}25-4{,}27=-0{,}02\%$$

$$\textit{error relativo}=\frac{\bar{x}-\mu}{\mu}\cdot 100=\frac{4{,}25-4{,}27}{4{,}27}\cdot 100=-0{,}47\%$$

Dados los resultados de los errores absoluto y relativo, se puede decir que es un método bastante exacto.

b)

$$s = \sigma = \sqrt{\frac{\sum_{i=1}^{n}\left(x_i - \bar{x}\right)^2}{n-1}} \qquad s = \sigma = \sqrt{\frac{0{,}01^2 \cdot 3 + 0{,}05^2 \cdot 2 + 0{,}03^2 \cdot 2}{9-1}}$$

$$s = \sigma = 0{,}030 = 3{,}0 \cdot 10^{-2}\%$$

$$s_r = \frac{s}{\bar{x}} \cdot 100 \qquad s_r = \frac{3{,}0 \cdot 10^{-2}}{4{,}25} \cdot 100 = 0{,}71\%$$

Dados los resultados de la desviación estándar y del coeficiente de variación, se puede decir que es un método muy preciso.

2.9.-(M) Un método de absorción atómica para la determinación de cobre en aceite del cabezal de un motor de avión dio los siguientes resultados (μg Cu mL^{-1}): 8,53; 8,51; 8,55; 8,52; 8,49; 8,56; 8,49; 8,52; 8,48; 8,52; 8,51; 8,48; 8,51; 8,48; 8,56; 8,55; 8,54; 8,52; 8,55; 8,49. Calcular la media aritmética, la desviación típica, la varianza y el coeficiente de variación utilizando la hoja de cálculo del programa Excel.

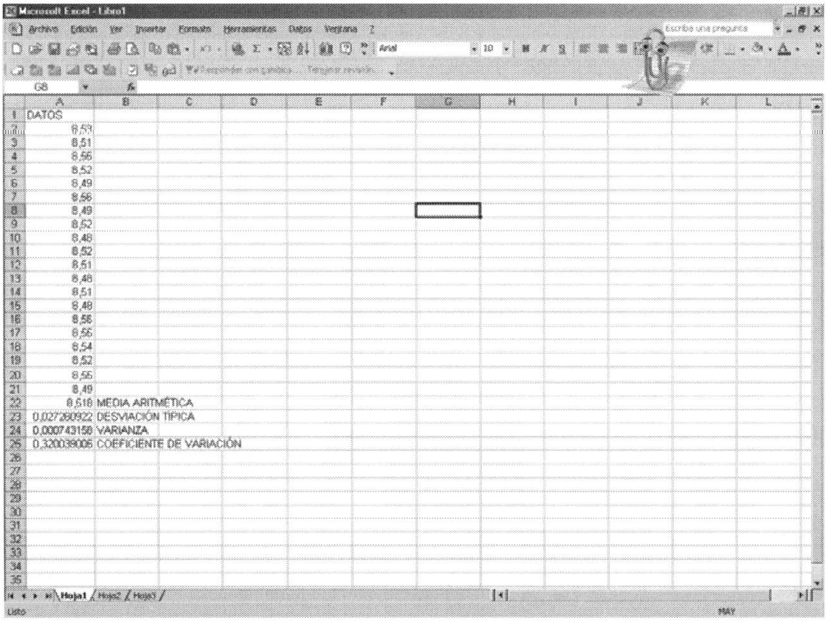

Los resultados obtenidos son:

$x = 8{,}52\ \mu g\ Cu\ mL^{-1}$

$s = \sigma = 0{,}027\ \mu g\ Cu\ mL^{-1}$

$s^2 = \sigma^2 = 0{,}00074\ \mu g^2\ Cu\ mL^{-2}$

$CV = 0{,}32\%$

2.10.- (M) Los datos de la calibración para la determinación de cobre (II) con AMEDT en disolución acuosa a partir de su espectro de absorción UV – Vis se ajustaron por mínimos cuadrados y la ecuación resultante fue:

$$A = 0{,}0475[Cu(II)] + 0{,}0272$$

siendo *[Cu(II)]* la concentración de ion cobre divalente expresada en ppm y *A* la absorbancia de la disolución. Al realizar los replicados se obtuvieron los siguientes resultados:

Conc. Cu(II), ppm	Número de replicados, N	Media de la Absorbancia	Desviación estándar
0,00	15	0,005	0,0014
3,21	10	0,179	0,0020
6,42	10	0,333	0,0016
12,84	10	0,633	0,0021
16,05	10	0,799	0,0029
19,25	10	0,936	0,0037
25,67	10	1,230	0,0032
32,09	10	1,580	0,0051
40,00	10	1,950	0,0062

a) Calcular la sensibilidad de calibrado.
b) Calcular la sensibilidad analítica para cada concentración.
c) Calcular el coeficiente de variación de la media de cada serie de replicados.
d) ¿Cuál es el límite de detección del método?

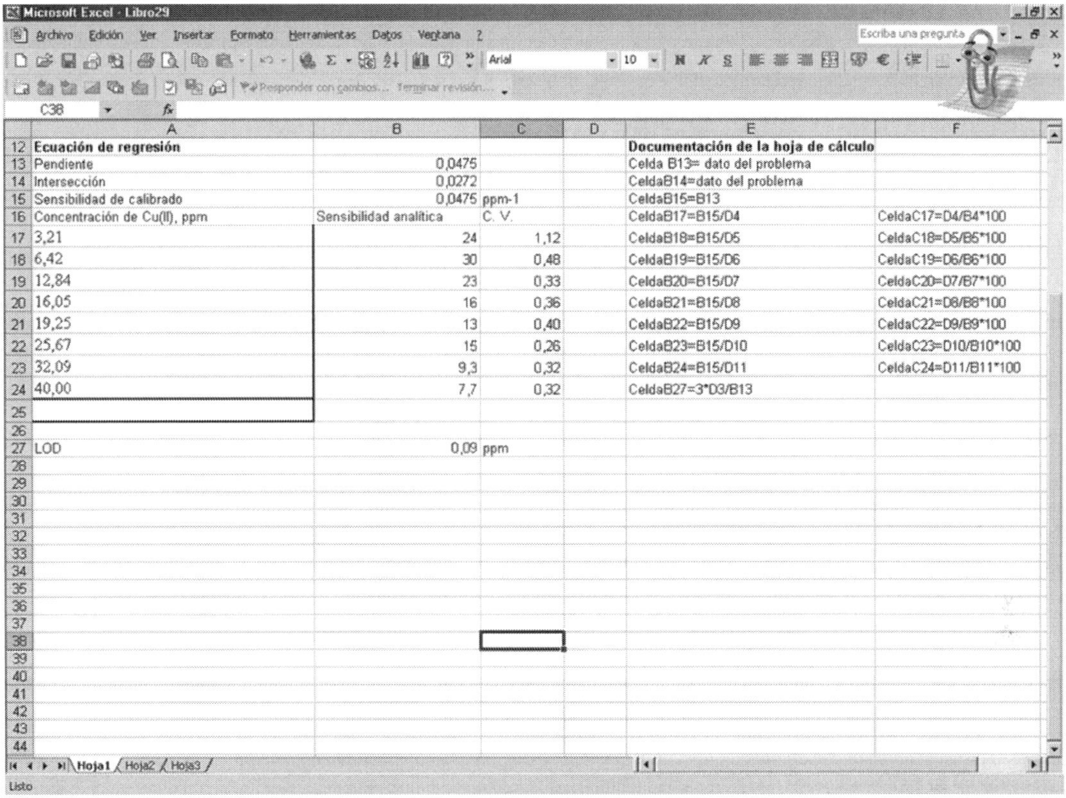

	A	B	C	D	E	F
12	**Ecuación de regresión**				**Documentación de la hoja de cálculo**	
13	Pendiente	0,0475			Celda B13= dato del problema	
14	Intersección	0,0272			CeldaB14=dato del problema	
15	Sensibilidad de calibrado	0,0475	ppm-1		CeldaB15=B13	
16	Concentración de Cu(II), ppm	Sensibilidad analítica	C. V.		CeldaB17=B15/D4	CeldaC17=D4/B4*100
17	3,21	24	1,12		CeldaB18=B15/D5	CeldaC18=D5/B5*100
18	6,42	30	0,48		CeldaB19=B15/D6	CeldaC19=D6/B6*100
19	12,84	23	0,33		CeldaB20=B15/D7	CeldaC20=D7/B7*100
20	16,05	16	0,36		CeldaB21=B15/D8	CeldaC21=D8/B8*100
21	19,25	13	0,40		CeldaB22=B15/D9	CeldaC22=D9/B9*100
22	25,67	15	0,26		CeldaB23=B15/D10	CeldaC23=D10/B10*100
23	32,09	9,3	0,32		CeldaB24=B15/D11	CeldaC24=D11/B11*100
24	40,00	7,7	0,32		CeldaB27=3*D3/B13	
25						
26						
27	LOD	0,09	ppm			

a) Sensibilidad de calibrado = $4{,}75\cdot10^{-2}$ ppm^{-1}

b) Se indican, expresadas en ppm, en la hoja de cálculo en las celdas B17:B24.

c) Se indican, expresadas en %, en la hoja de cálculo en las celdas C17:C24.

d) Límite de detección = 0,09 ppm

2.11.-(M) Se lleva a cabo la calibración de un método instrumental para la determinación de la especie A en disolución acuosa, obteniéndose los siguientes resultados:

Concentración de A, ppm	Número de replicados, N	Media de la señal S	Desviación estándar
0,00	20	0,031	0,0079
2,00	10	0,173	0,0094
6,00	10	0,422	0,0084
10,00	10	0,702	0,0084
14,00	10	0,956	0,0085
18,00	10	1,248	0,0110

a) Determinar la sensibilidad de calibrado.

b) Calcular la sensibilidad analítica para cada concentración.

c) Determinar el coeficiente de variación de la media de cada serie de replicados.

d) ¿Cuál es el límite de detección del método?

	A	B	C	D
1	**calibración de un método instrumental**			
2	**Conc. A, ppm**	**Media de la señal, S**		**Desviación Estándar**
3	0,00	0,031		0,0079
4	2,00	0,173		0,0094
5	6,00	0,422		0,0084
6	10,00	0,702		0,0084
7	14,00	0,956		0,0085
8	18,00	1,248		0,0110
9	**Ecuación de regresión**			
10	Pendiente	0,067038356		
11	Intersección	0,030013699		
12	Sensibilidad de calibrado	0,067038356	ppm-1	
13	**Concentración**	**Sensibilid. analítica**	**C V**	
14	2,00 µg/mL	7,1	5,4	
15	6,00 µg/mL	8,0	2,0	
16	10,00 µg/mL	8,0	1,2	
17	14,00 µg/mL	7,9	0,89	
18	18,00 µg/mL	6,1	0,88	
19				
20				
21	LD	0,35	ppm A	
22	**Documentación de la hoja de cálculo**			
23	CeldaB10=PENDIENTE(B3:B8;A3:A8)			
24	CeldaB11=INTERSECCION.EJE(B3:B8;A3:A8)			
25	CeldaB12=B10			
26	CeldaB14=B10/D4	CeldaC14=D4/B4*100		
27	CeldaB15=B10/D5	CeldaC15=D5/B5*100		
28	CeldaB16=B10/D6	CeldaC16=D6/B6*100		
29	CeldaB17=B10/D7	CeldaC17=D7/B7*100		
30	CeldaB18=B10/D8	CeldaC18=D8/B8*100		
31	CeldaB21=3*D3/B10			

a) Sensibilidad de calibrado = 0,067 ppm^{-1}

b) Se indican, expresadas en ppm, en la hoja de cálculo en las celdas B14:B18.

c) Se indican, expresadas en %, en la hoja de cálculo en las celdas C14:C18.

d) Límite de detección = 0,35 ppm

2.12.- (D) Los siguientes resultados se obtuvieron en la determinación de cinc en una tableta multivitamínica por espectrofotometría de absorción atómica. Los valores de absorbancia se corrigieron con el blanco de reactivos adecuado ([Zn] = 0,0 ng mL^{-1}). El valor medio para el blanco fue 0,0000 con una desviación estándar de 0,0047 unidades de absorbancia.

[Zn], ng mL^{-1}	*A*
5,0	0,0519
5,0	0,0463
5,0	0,0485
10,0	0,0980
10,0	0,1033
10,0	0,0925
Tableta de muestra	0,0672
Tableta de muestra	0,0614
Tableta de muestra	0,0661

a) Hallar la absorbancia media para los estándares de 5,0 y 10,0 ng mL^{-1} y para la tableta de muestra. Averigüe la desviación estándar de estos valores.

b) Encontrar la mejor recta de mínimos cuadrados a través de los puntos en [Zn] = 0,0, 5,0 y 10,0 ng mL^{-1}. Calcular la sensibilidad de calibrado y la sensibilidad analítica para las concentraciones de 5,0 y 10,0 ng mL^{-1}.

c) Calcular el valor del límite de detección para un valor de *k* igual a 3. ¿A qué nivel de confianza corresponde?

d) Calcular la concentración de cinc en la tableta de muestra y la desviación estándar en la concentración.

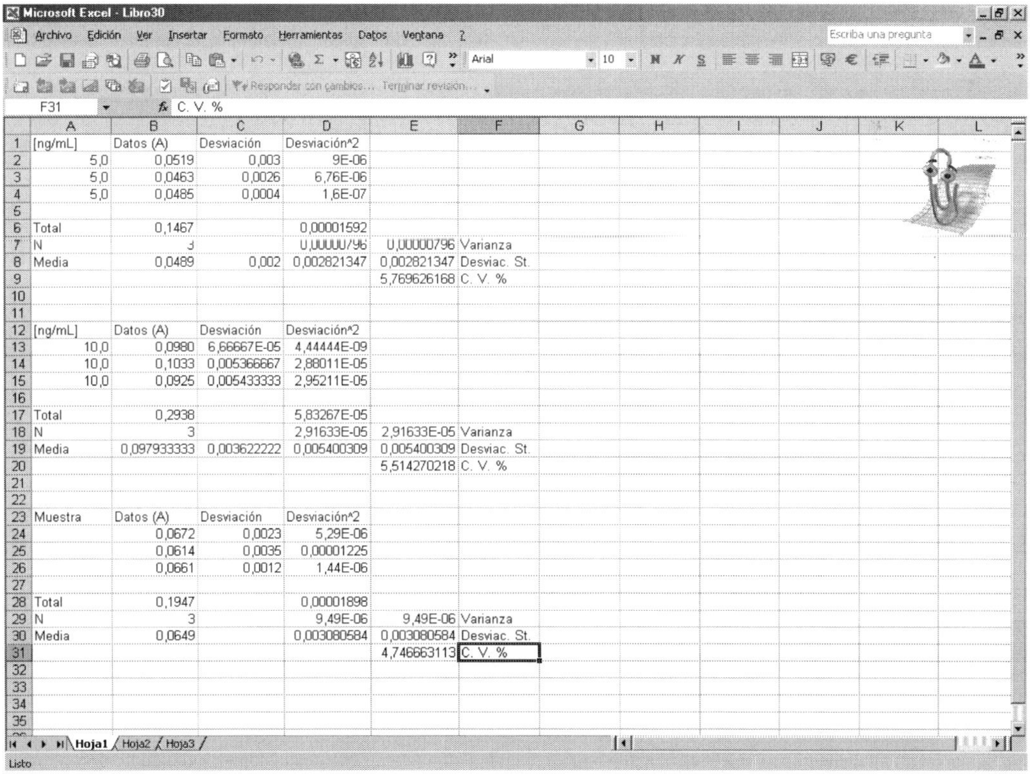

	A	B	C	D	E	F
1	[ng/mL]	Datos (A)	Desviación	Desviación^2		
2	5,0	0,0519	0,003	9E-06		
3	5,0	0,0463	0,0026	6,76E-06		
4	5,0	0,0485	0,0004	1,6E-07		
5						
6	Total	0,1467		0,00001592		
7	N	3		0,00000796	0,00000796	Varianza
8	Media	0,0489	0,002	0,002821347	0,002821347	Desviac. St.
9					5,769626168	C. V. %
10						
11						
12	[ng/mL]	Datos (A)	Desviación	Desviación^2		
13	10,0	0,0980	6,66667E-05	4,44444E-09		
14	10,0	0,1033	0,005366667	2,88011E-05		
15	10,0	0,0925	0,005433333	2,95211E-05		
16						
17	Total	0,2938		5,83267E-05		
18	N	3		2,91633E-05	2,91633E-05	Varianza
19	Media	0,097933333	0,003622222	0,005400309	0,005400309	Desviac. St.
20					5,514270218	C. V. %
21						
22						
23	Muestra	Datos (A)	Desviación	Desviación^2		
24		0,0672	0,0023	5,29E-06		
25		0,0614	0,0035	0,00001225		
26		0,0661	0,0012	1,44E-06		
27						
28	Total	0,1947		0,00001898		
29	N	3		9,49E-06	9,49E-06	Varianza
30	Media	0,0649		0,003080584	0,003080584	Desviac. St.
31					4,746663113	C. V. %

a) $\bar{A}_{5,0} = 0{,}0489$; $s = 0{,}0028$

$\bar{A}_{10,0} = 0{,}0979$; $s = 0{,}0054$

$\bar{A}_{muestra} = 0{,}0649$; $s = 0{,}0031$

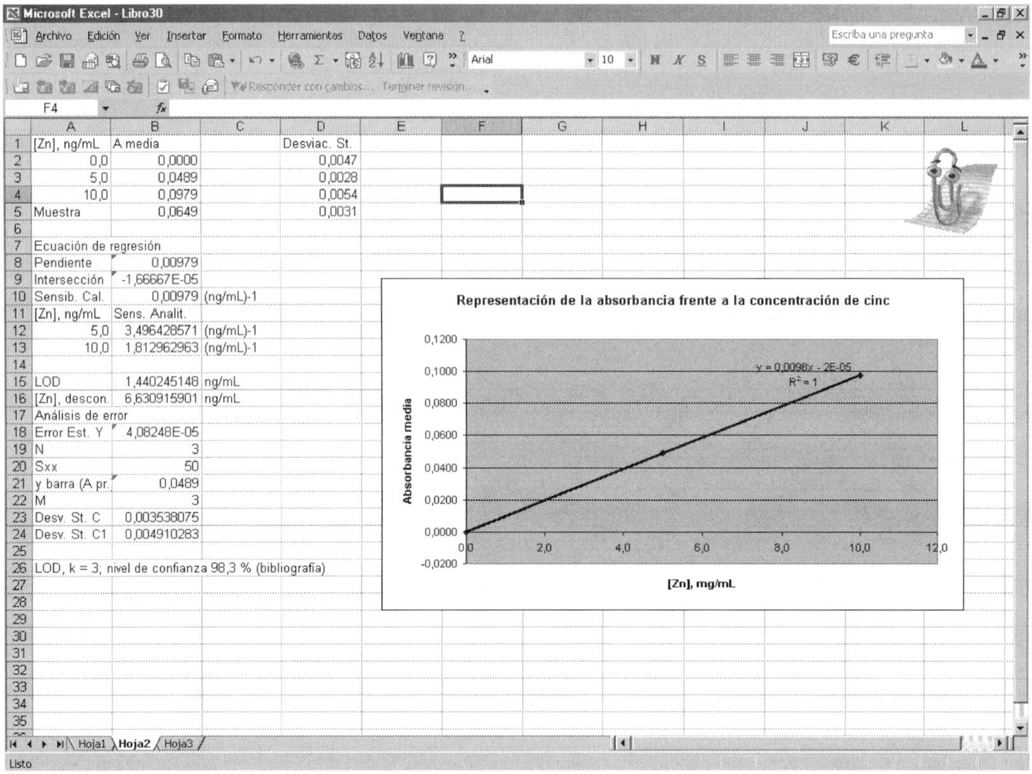

	A	B	C	D
1	[Zn], ng/mL	A media		Desviac. St.
2	0,0	0,0000		0,0047
3	5,0	0,0489		0,0028
4	10,0	0,0979		0,0054
5	Muestra	0,0649		0,0031
6				
7	Ecuación de regresión			
8	Pendiente	0,00979		
9	Intersección	-1,66667E-05		
10	Sensib. Cal.	0,00979	(ng/mL)-1	
11	[Zn], ng/mL	Sens. Analit.		
12	5,0	3,496428571	(ng/mL)-1	
13	10,0	1,812962963	(ng/mL)-1	
14				
15	LOD	1,440245148	ng/mL	
16	[Zn], descon.	6,630915901	ng/mL	
17	Análisis de error			
18	Error Est. Y	4,08248E-05		
19	N	3		
20	Sxx	50		
21	y barra (A pr.	0,0489		
22	M	3		
23	Desv. St. C	0,003538075		
24	Desv. St. C1	0,004910283		
25				
26	LOD, k = 3; nivel de confianza 98,3 % (bibliografía)			

b) A = 0,0098 [Zn] – $2 \cdot 10^{-5}$
sensibilidad analítica para 5,0 = 3,5 mL ng^{-1} (celda B12)
sensibilidad analítica para 10,0 = 1,8 mL ng^{-1} (celda B13)
sensibilidad de calibrado = $9{,}8 \cdot 10^{-3}$ mL ng^{-1} (celda B10)

c) valor límite de detección = 1,4 ng mL^{-1} que corresponde a un nivel de confianza de un 98,3 %, según se obtiene de la bibliografía.
d) [Zn] = 6,63 ng mL^{-1}; s_c = 0,004 ng mL^{-1}

2.13.-(M) El ion nitrito puede determinarse por espectrofotometría de absorción mediante la reacción de Griess. En ella la muestra se hace reaccionar con sulfanilamida y N-(1-naftil)etilendiamina, obteniéndose un compuesto coloreado que absorbe a 550 nm. Usando un instrumento de análisis por inyección de flujo, se obtuvieron los siguientes resultados para las disoluciones patrón de nitrito y de la muestra.

$[NO_2^-]$ (μmol dm^{-3})	**Absorbancia**
2,00	**0,065**
6,00	**0,205**
10,00	**0,338**
14,00	**0,474**
18,00	**0,598**
Desconocida	**0,402**

a) Obtener la pendiente y la intersección de la curva de calibrado, así como el error estándar en y.

b) Construir la gráfica de la curva de calibrado.

c) Determinar la concentración de nitrito en la muestra y la desviación estándar.

a)

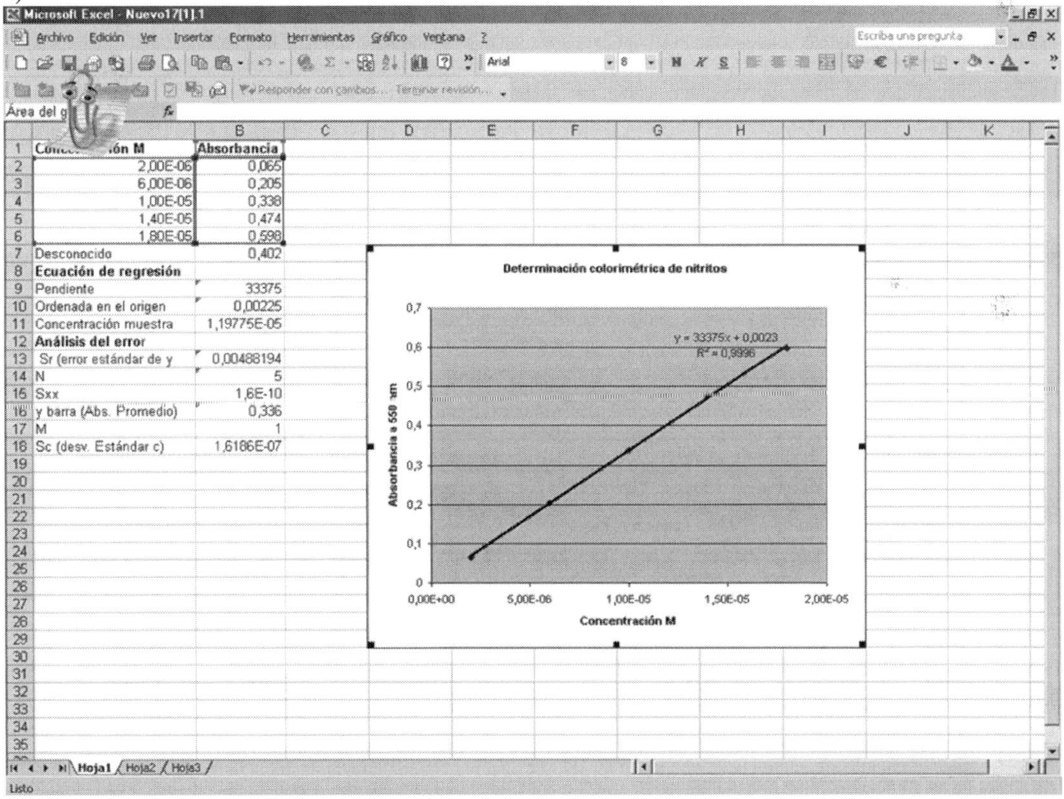

b) pendiente = $3{,}34\cdot10^{5}$; ordenada en el origen = 0,002; error estándar en y = 0,0049

c) $[NO_2^-] = 1{,}20\cdot10^{-5}$ mol dm^{-3}; $s_c = 0{,}02\cdot10^{-5}$ mol dm^{-3}

2.14.- (M) A partir de una disolución patrón de hierro se hicieron varias diluciones. A continuación, en alícuotas de 25,0 mL de estas disoluciones se formó el complejo hierro (II)-1,10-fenantrolina, y posteriormente se diluyó cada una hasta 50,0 mL. Las absorbancias, medidas en celdas de 1,00 cm de espesor a 510 nm, son:

[Fe(II)], ppm	Absorbancia
4,00	0,160
10,0	0,390
16,0	0,630
24,0	0,950
32,0	1,260
40,0	1,580

a) Construir una hoja de cálculo y escribir los datos de la tabla. Utilizar una hoja de cálculo para obtener el gráfico de la curva de calibrado con estos datos.

b) Emplear el método de regresión por mínimos cuadrados para obtener la ecuación que relaciona la absorbancia y la concentración de hierro (II).

c) Calcular la desviación estándar de la pendiente y de la intersección.

a)

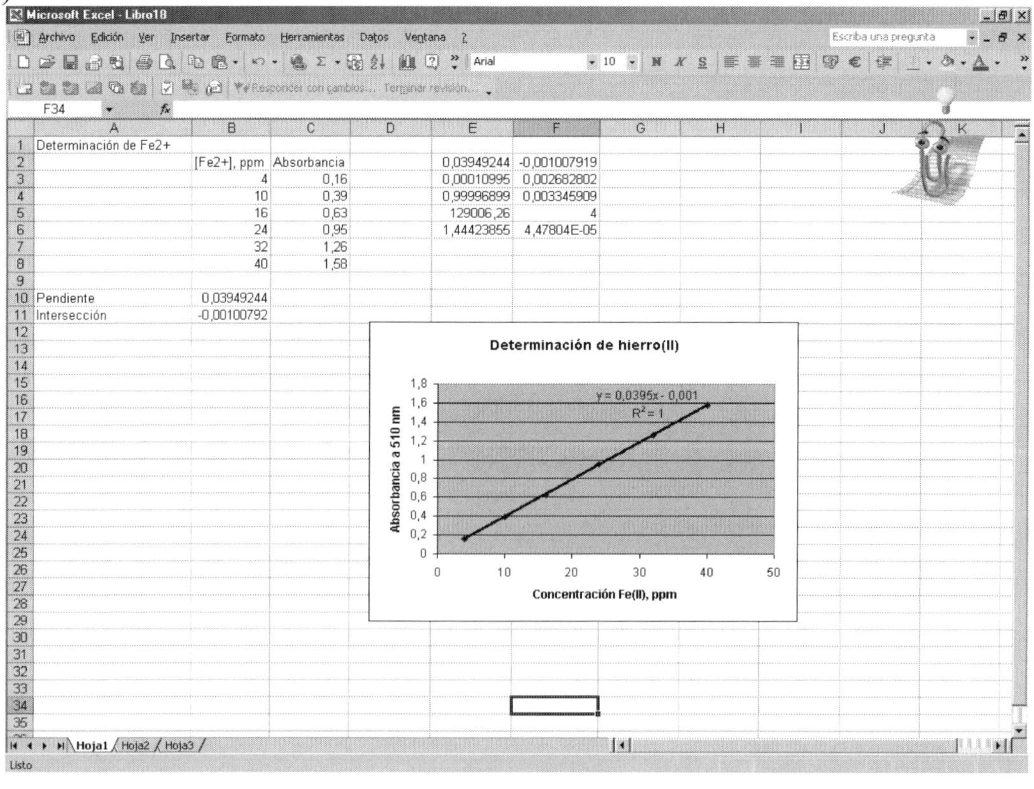

b) Absorbancia = 0,0395 [Fe^{2+}] – 0,0010

c) $s_m = 1{,}1\cdot10^{-4}$ (celda E3)
$s_b = 2{,}7\cdot10^{-3}$ (celda F3)

2.15.- (F) En la determinación de cadmio en aguas residuales por espectrofotometría de absorción atómica, se hicieron 10 repeticiones de la señal del blanco obteniéndose los resultados siguientes: 0,003; 0,002; 0,004; 0,002; 0,001; 0,003; 0,002; 0,001; 0,004; 0,002.
La recta de calibrado para dicha determinación es A = 0,002 + 0,100 · [Cd], donde la [Cd] está expresada en µg mL^{-1}. Determinar los límites de detección (LD) y de cuantificación (LC) para el método.

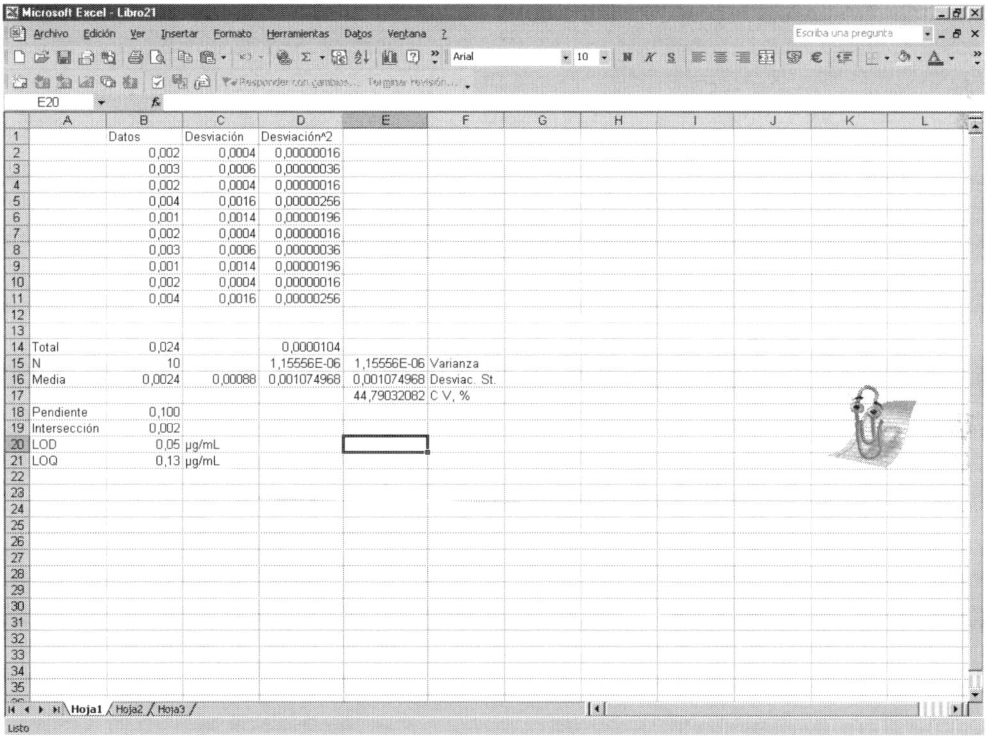

	A	B	C	D	E	F
1		Datos	Desviación	Desviación^2		
2		0,002	0,0004	0,00000016		
3		0,003	0,0006	0,00000036		
4		0,002	0,0004	0,00000016		
5		0,004	0,0016	0,00000256		
6		0,001	0,0014	0,00000196		
7		0,002	0,0004	0,00000016		
8		0,003	0,0006	0,00000036		
9		0,001	0,0014	0,00000196		
10		0,002	0,0004	0,00000016		
11		0,004	0,0016	0,00000256		
12						
13						
14	Total	0,024		0,0000104		
15	N	10		1,15556E-06	1,15556E-06	Varianza
16	Media	0,0024	0,00088	0,001074968	0,001074968	Desviac. St.
17					44,79032082	C V, %
18	Pendiente	0,100				
19	Intersección	0,002				
20	LOD	0,05	µg/mL			
21	LOQ	0,13	µg/mL			

LD = 0,05 µg mL^{-1} (celda B20)
LC = 0,13 µg mL^{-1} (celda B21)

2.16.- (M) Un compuesto C se analiza por espectrofotometría UV-visible. Se realiza una curva de calibrado con disoluciones patrón del compuesto y se obtienen los siguientes resultados:

[C], ppm	Absorbancia
1,5	0,36
2,5	0,44
3,5	0,59
4,5	0,70
Desconocida	0,50

Encontrar:

a) **Pendiente de la curva de calibrado.**
b) **Intersección de la curva de calibrado.**
c) **El error estándar en y.**
d) **La concentración de la disolución desconocida.**
e) **La desviación estándar de la concentración de d).**
f) **Construir la gráfica de la curva de calibrado.**

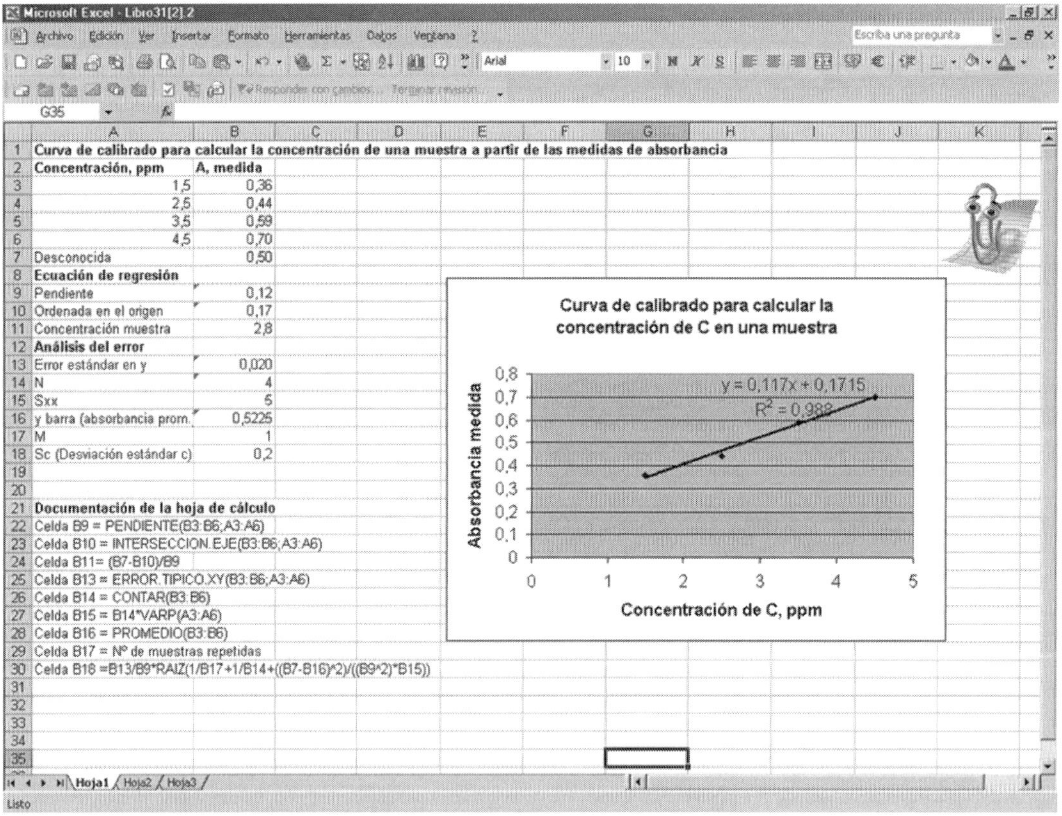

a) pendiente = 0,12
b) intersección de la curva de calibrado = 0,17
c) error estándar en y = 0,020
d) concentración de la muestra = 2,8 ppm
e) desviación estándar de la concentración = s_c = 0,2 ppm

2.17.- (D) Los siguientes datos se obtuvieron en la calibración de un electrodo para ion estroncio con el fin de determinar valores de pSr (–log[Sr^{2+}]). Se sabe que entre el potencial E y el pSr existe una relación lineal:

pSr	E, mV
5,00	-53,8
4,00	-27,7
3,00	+2,7
2,00	+31,9
1,00	+65,1

a) **Encontrar la expresión de regresión por mínimos cuadrados para la mejor recta a través de los puntos. Representar gráficamente dicha recta.**

b) **Calcular el pSr de una disolución en la que el potencial es de 20,3 mV. Calcular las desviaciones estándar absoluta y relativa para pSr si el resultado se obtuvo de una sola medición.**

c) **Calcular las desviaciones estándar absoluta y relativa para pSr si la lectura en mV en b) fue el promedio de dos mediciones. Repetir el cálculo suponiendo que la lectura es el promedio de ocho mediciones.**

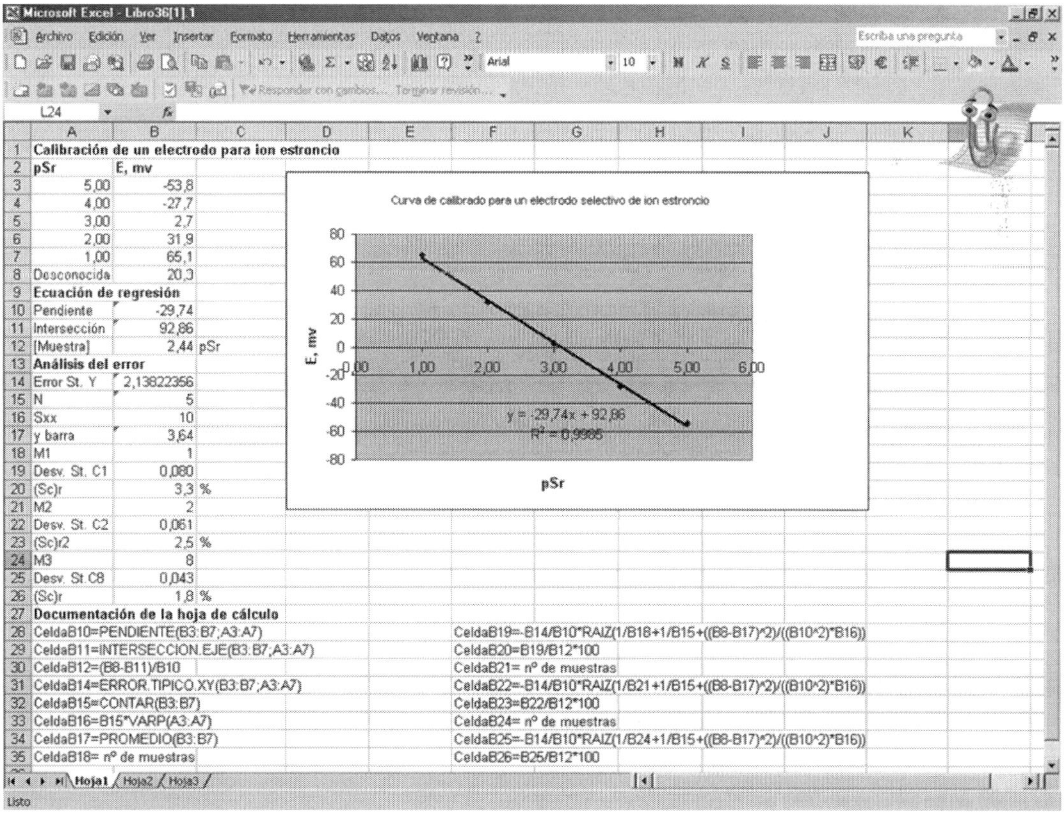

a) $E = -29{,}74\ pSr + 92{,}86$

b) $pSr = 2{,}44$
$s_{c,1} = 0{,}080$
$s_c)_{r,1} = 3{,}3\%$

c) $s_{c,2} = 0{,}061$
$(s_c)_{r,2} = 2{,}5\%$
$s_{c,8} = 0{,}043$
$(s_c)_{r,8} = 1{,}8\%$

2.18.-(M) Los datos de la calibración para la determinación de hierro (III) con la tetraamida del AMEDT (A_4-AMEDT) en disolución acuosa a partir de su espectro de absorción se ajustaron por mínimos cuadrados y la ecuación resultante fue:

$$A = 0{,}1395[Fe(III)] + 0{,}0018$$

siendo *[Fe(III)]* la concentración de ion hierro trivalente expresada en ppm y *A* la absorbancia de la disolución. Al realizar los replicados se obtuvieron los siguientes resultados:

Conc. Fe(III), ppm	Número de replicados, N	Media de la Absorbancia	Desviación estándar
0,00	20	0,002	0,0021
1,50	10	0,217	0,0026
3,10	10	0,432	0,0027
4,60	10	0,645	0,0033
6,15	10	0,857	0,0027

a) Calcular la sensibilidad de calibrado.
b) Calcular la sensibilidad analítica para cada concentración.
c) Calcular el coeficiente de variación de la media de cada serie de replicados.
d) ¿Cuál es el límite de detección del método?

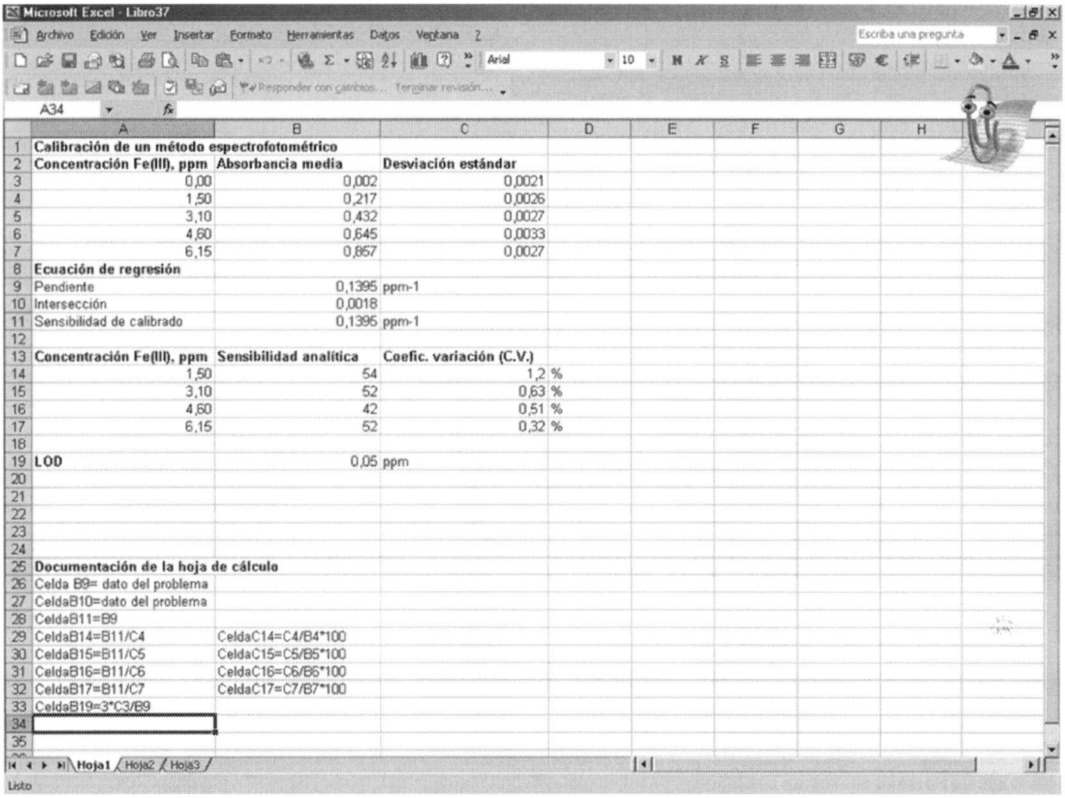

	A	B	C
1	**Calibración de un método espectrofotométrico**		
2	**Concentración Fe(III), ppm**	**Absorbancia media**	**Desviación estándar**
3	0,00	0,002	0,0021
4	1,50	0,217	0,0026
5	3,10	0,432	0,0027
6	4,60	0,645	0,0033
7	6,15	0,857	0,0027
8	**Ecuación de regresión**		
9	Pendiente	0,1395	ppm-1
10	Intersección	0,0018	
11	Sensibilidad de calibrado	0,1395	ppm-1
12			
13	**Concentración Fe(III), ppm**	**Sensibilidad analítica**	**Coefic. variación (C.V.)**
14	1,50	54	1,2 %
15	3,10	52	0,63 %
16	4,60	42	0,51 %
17	6,15	52	0,32 %
18			
19	**LOD**	0,05	ppm
20			
21			
22			
23			
24			
25	**Documentación de la hoja de cálculo**		
26	Celda B9= dato del problema		
27	CeldaB10=dato del problema		
28	CeldaB11=B9		
29	CeldaB14=B11/C4	CeldaC14=C4/B4*100	
30	CeldaB15=B11/C5	CeldaC15=C5/B5*100	
31	CeldaB16=B11/C6	CeldaC16=C6/B6*100	
32	CeldaB17=B11/C7	CeldaC17=C7/B7*100	
33	CeldaB19=3*C3/B9		

a) sensibilidad de calibrado = 0,14 ppm^{-1}

b) sensibilidad analítica 1,50 ppm = 54 ppm^{-1}
sensibilidad analítica 3,10 ppm = 52 ppm^{-1}
sensibilidad analítica 4,60 ppm = 42 ppm^{-1}
scnsibilidad analítica 6,15 ppm = 52 ppm^{-1}

c) coeficiente de variación de la media de 1,50 ppm = 1,20%;
coeficiente de variación de la media de 3,10 ppm = 0,63%;
coeficiente de variación de la media de 4,60 ppm = 0,51%;
coeficiente de variación de la media de 6,15 ppm = 0,32%;

d) límite de detección del método = 0,05 ppm

2.19.-(M) En la determinación de níquel en un acero inoxidable mediante la técnica de espectrofotometría de absorción atómica se obtuvieron los siguientes datos para la curva de calibrado:

[Ni], ppm	Absorbancia
0,0	0,010
2,5	0,092
5,0	0,216
7,5	0,294
10,0	0,430

a) Determinar la pendiente, la ordenada en el origen y el coeficiente de correlación.

b) Determinar las desviaciones estándar de: la pendiente, la ordenada en el origen y la regresión.

c) Representar gráficamente la absorbancia frente a la concentración de níquel y escribir la ecuación correspondiente a la curva de calibrado.

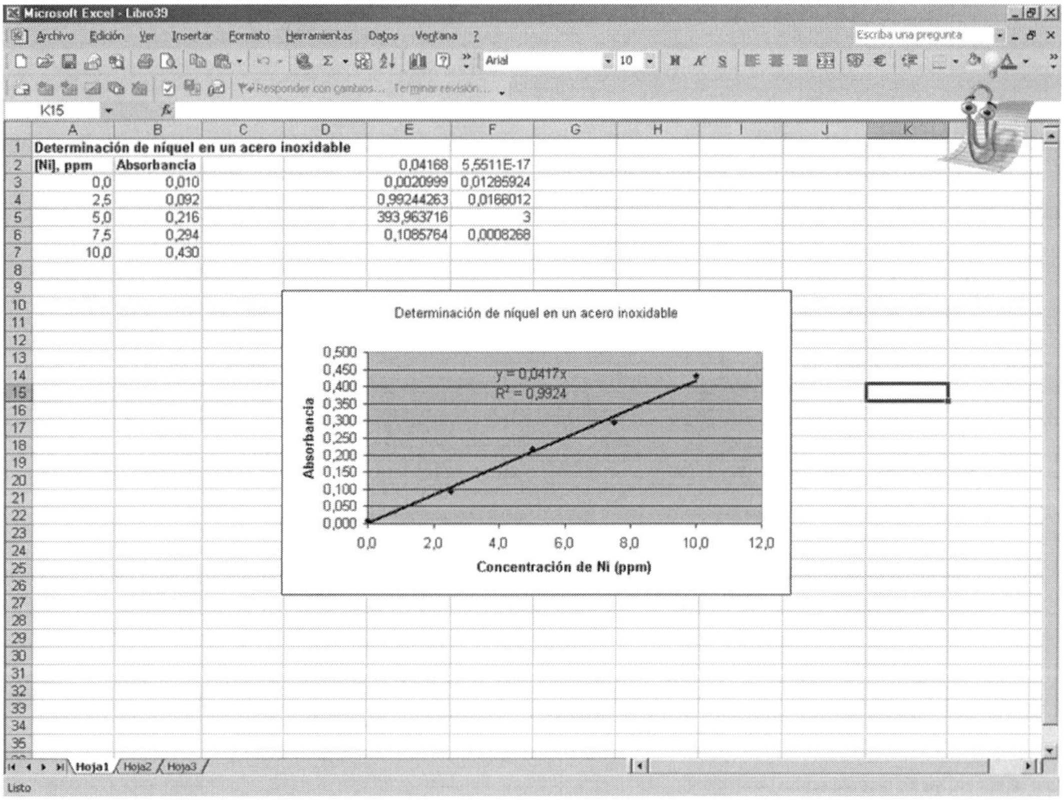

a) pendiente = m = 0,042 ppm^{-1}; ordenada en el origen = 0,000; coeficiente de regresión = R^2 = 0,9924

b) desviación estándar de la pendiente = s_m = 0,002; desviación estándar de la ordenada en el origen = s_b = 0,013; desviación estándar de la regresión = s_r = 0,017

c) Absorbancia = 0,042 [Ni]

2.20.- (D) Para determinar la concentración de cobalto en la disolución de una muestra de material usado en la construcción naval por espectrofotometría de absorción atómica, se lleva a cabo el método de adiciones múltiples de estándar añadiendo 0,0; 0,5; 1,0; 1,5; 2,0 y 2,5 µg mL^{-1} de cobalto, obteniéndose los valores de absorbancia siguientes: 0,080; 0,150; 0,200; 0,280; 0,400; 0,480.

a) **Representar gráficamente la absorbancia frente a la concentración de cobalto añadido.**

b) **Determinar la pendiente, ordenada en el origen y el coeficiente de correlación de la recta de calibrado.**

c) **Determinar la concentración de cobalto en la disolución de la muestra y las desviaciones estándar de la concentración y de la regresión.**

a)

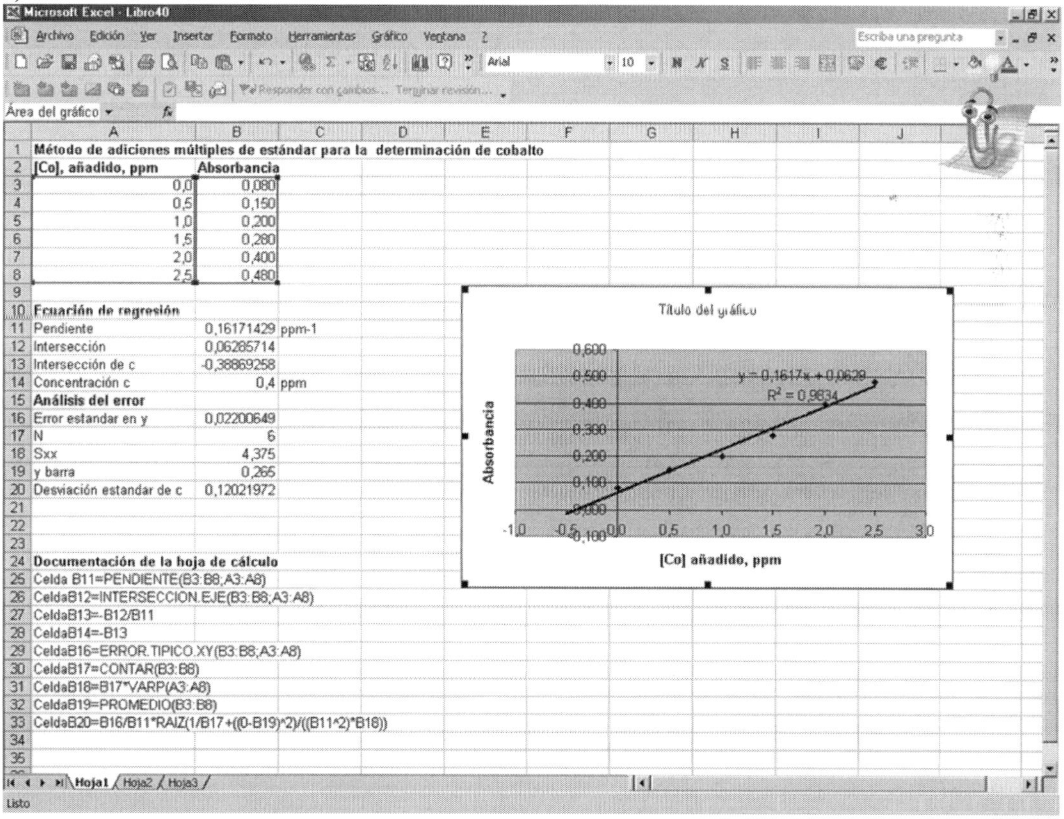

b) pendiente = m = 0,16 ppm^{-1}
ordenada en el origen = 0,06
coeficiente de correlación = R^2 = 0,9834

c) [Co] = 0,4 ppm
desviación estándar de la concentración = s_c = 0,1 ppm
desviación estándar de la regresión = s_r = 0,022

2.21.- (D) El elemento sodio puede determinarse por espectrometría de emisión atómica. Los siguientes resultados se obtuvieron en el análisis de sodio en una muestra de suero sanguíneo. Los valores de intensidad de emisión fueron corregidos para cualquier emisión del blanco, siendo el valor medio para la intensidad del blanco 0,00 con una desviación estándar de 0,00071 (unidades arbitrarias).

[Na], ng mL^{-1}	**Intensidad de emisión**
5,0	**0,51**
5,0	**0,49**
5,0	**0,48**
10,0	**1,02**
10,0	**1,00**
10,0	**0,99**
Muestra	**0,71**
Muestra	**0,77**
Muestra	**0,78**

a) **Calcular los valores medios de intensidad de emisión para los patrones de 5,0 y 10,0 ng mL^{-1} y para la muestra de suero. Calcular la desviación estándar de estos valores.**
b) **Obtener la recta de mínimos cuadrados a través de los puntos de [Na] = 0,0; 5,0 y 10,0 ng mL^{-1}. Calcular la sensibilidad de calibrado y la sensibilidad analítica para las concentraciones de 5,0 y 10,0 ng mL^{-1}.**
c) **Calcular el límite de detección para valores de *k* de 2 y 3. ¿A qué nivel de confianza corresponden?**
d) **Calcular la concentración de sodio en la muestra de suero y la desviación estándar de dicha concentración.**

Microsoft Excel - Libro35 (Hoja1)

	A	B	C	D	E	F
1	ng/mL	Intens. Emis.	Desviación	Desviación^2		
2	5,0	0,51	0,01666667	0,000277778		
3	5,0	0,49	0,00333333	1,11111E-05		
4	5,0	0,48	0,01333333	0,000177778		
5						
6	Total	1,48		0,000466667		
7	N	3		0,000233333	0,00023333	Varianza
8	Media	0,49	0,01111111	0,015275252	0,01527525	Desv. Stand.
9					3,09633493	C. V. %
10						
11	ng/mL	Intens. Emis.	Desviación	Desviación^2		
12	10,0	1,02	0,01666667	0,000277778		
13	10,0	1,00	0,00333333	1,11111E-05		
14	10,0	0,99	0,01333333	0,000177778		
15						
16	Total	3,01		0,000466667		
17	N	3		0,000233333	0,00023333	Varianza
18	Media	1,00	0,01111111	0,015275252	0,01527525	Desv. Stand.
19					1,5224504	C. V. %
20						
21	Muestra	Intens. Emis.	Desviación	Desviación^2		
22		0,71	0,04333333	0,001877778		
23		0,77	0,01666667	0,000277778		
24		0,78	0,02666667	0,000711111		
25						
26	Total	2,26		0,002866667		
27	N	3		0,001433333	0,00143333	Varianza
28	Media	0,75	0,02888889	0,037859389	0,03785939	Desv. Stand.
29					5,02558261	C. V. %

Documentación de la hoja de cálculo (para el patrón de 5,0 ng/mL)

CeldaB6=SUMA(B2:B4)
CeldaB7=CONTAR(B2:B4)
CeldaB8=B6/B7
CeldaC8=PROMEDIO(C2:C4)
CeldaC2=ABS(B2-B8)
CeldaC3=ABS(B3-B8)
CeldaC4=ABS(B4-B8)
CeldaD2=C2^2
CeldaD3=C3^2
CeldaD4=C4^2
CeldaD6=SUMA(D2:D4)
CeldaD7=D6/(B7-1)
CeldaD8=RAIZ(D7)
CeldaE7=VAR(B2:B4)
CeldaE8=DESVEST(B2:B4)
CeldaE9=E8*100/B8

Microsoft Excel - Libro35 (Hoja2)

	A	B	C	D
1	[Na], ng/mL	I.Emis. Medi:	Desv.St.	
2	0,0	0,00	0,00071	
3	5,0	0,49	0,01527	
4	10,0	1,00	0,01527	
5	Muestra	0,75	0,03786	
6				
7	Ecuación de regresión			
8	Pendiente	0,1		
9	Intersección	-0,00333333		
10	Sens. Calib.	0,1	(ng/mL)-1	
11	[Na],mg/mL	Sens. Anal.		
12	5,0	6,54878847	(ng/mL)-1	
13	10,0	6,54878847	(ng/mL)-1	
14	LOD (K =2)	0,0142	ng/mL	(nivel de confianza: 92,1 %)
15	LOD (K =3)	0,0213	ng/mL	(nivel de confianza: 98,3 %)
16	[Na] descon.	7,5	ng/mL	
17	Análisis de error			
18	Error St. Y	0,00816497		
19	N	3		
20	Sxx	50		
21	Y con barra	0,50		
22	M	3		
23	Desv. St. C	0,07280212		
24	Desv.St.C1	0,0967147		

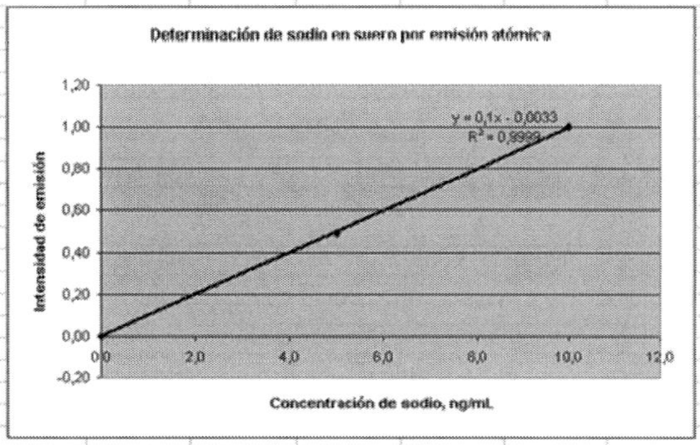

Documentación de la hoja de cálculo

CeldaB8=PENDIENTE(B2:B4;A2:A4)
CeldaB9=INTERSECCION.EJE(B2:B4;A2:A4)
CeldaB10=B8
CeldaB12=B8/C3
CeldaB13=B8/C4
CeldaB14=2*C2/B8
CeldaB15=3*C2/B8
CeldaB16=(B5-B9)/B8
CeldaB18=ERROR.TIPICO.XY(B2:B4;A2:A4)
CeldaB19=CONTAR(A2:A4)
CeldaB20=B19*VARP(A2:A4)
CeldaB21=PROMEDIO(B2:B4)
CeldaB22= nº de muestras
CeldaB23=B18/B8*RAIZ(1/B22+1/B19+((B5-B21)^2)/((B8^2)*B20))
CeldaB24=B18/B8*RAIZ(1/1+1/B19+((B5-B21)^2)/((B8^2)*B20))

a) Intensidad de emisión media de 5,0 ng mL^{-1} = 0,49; desviación estándar = s_{ie} = 0,02
Intensidad de emisión media de 10,0 ng mL^{-1} = 1,00; desviación estándar = s_{ie} = 0,02
Intensidad de emisión media de muestra = 0,75; desviación estándar = s_{ie} = 0,04

b) Intensidad de emisión = 0,1 [Na] – 0,003
sensibilidad de calibrado = m = 0,1 mL ng^{-1}
sensibilidad analítica 5,0 ng mL^{-1} = 6,5 mL ng^{-1}
sensibilidad analítica 10,0 ng mL^{-1} = 6,5 mL ng^{-1}

c) límite de detección (k = 2) = 0,01 ng mL^{-1}; nivel de confianza = 92,1%
límite de detección (k = 3) = 0,02 ng mL^{-1}; nivel de confianza = 98,3%

d) $[Na]_{muestra}$ = 7,5 ng mL^{-1}
desviación estándar de la concentración de la muestra de suero = 0,1 ng mL^{-1}

TESTS ESTADÍSTICOS. RECHAZO DE DATOS ANÓMALOS

- Distribución normal
- Rechazo de datos. Test Q de Dixon
- Intervalo de confianza. Test t de Student
- Comparación de dos series de medidas. Test F de Snedecor
- Ejercicios resueltos

Distribución normal

Aunque la desviación estándar proporciona una medida de la dispersión de un conjunto de resultados alrededor de un valor medio, no indica la forma de la distribución. Comúnmente, el análisis estadístico de los datos analíticos se basa en la suposición de que los errores aleatorios siguen una **distribución Gaussiana o normal,** que es una descripción ideal válida para un gran número de datos. La curva normal o Gaussiana se puede describir por medio de una ecuación de sólo 2 parámetros: la media de la población, μ, y la desviación estándar de la población, σ.

La distribución "Gaussiana" o campana de Gauss, que por la frecuencia con que aparece se la denomina curva normal o distribución normal, se obtiene al representar la frecuencia (ν) frente al valor numérico de la variable (x) de una población (n) y es de la siguiente forma:

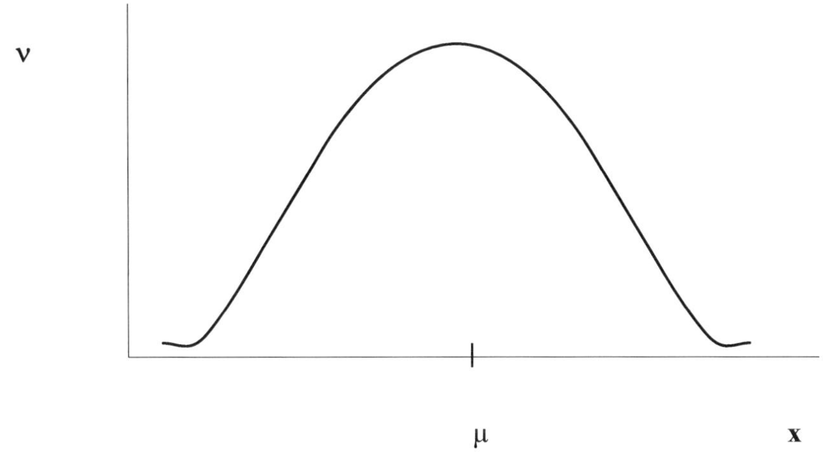

Y responde a la ecuación:

$$y = \nu = \frac{e^{-\frac{(x-\mu)^2}{2\sigma^2}}}{\sigma\sqrt{2\pi}}$$

La curva es simétrica respecto a μ, y tiene las siguientes propiedades:

- La media cae en el punto central de máxima frecuencia.
- Hay una distribución simétrica de las desviaciones positivas y negativas en torno al valor máximo.
- A medida que aumenta la magnitud de las desviaciones hay una disminución exponencial de la frecuencia, por lo tanto, son más frecuentes los pequeños valores aleatorios que los grandes.

- Aproximadamente el 68% de los valores de la población cae dentro de ± 1 σ de la media (curva a), aproximadamente el 95% de los valores caen dentro de ± 2 σ de la media (curva b) y aproximadamente el 99,7% de los valores caen dentro de ± 3 σ de la media (curva c).

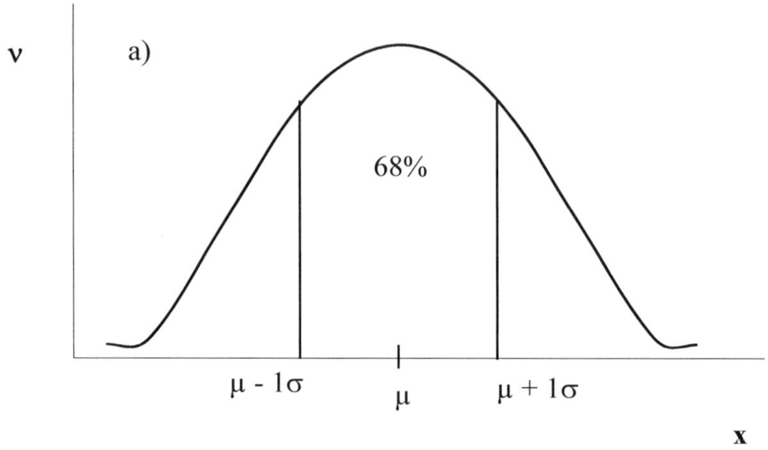

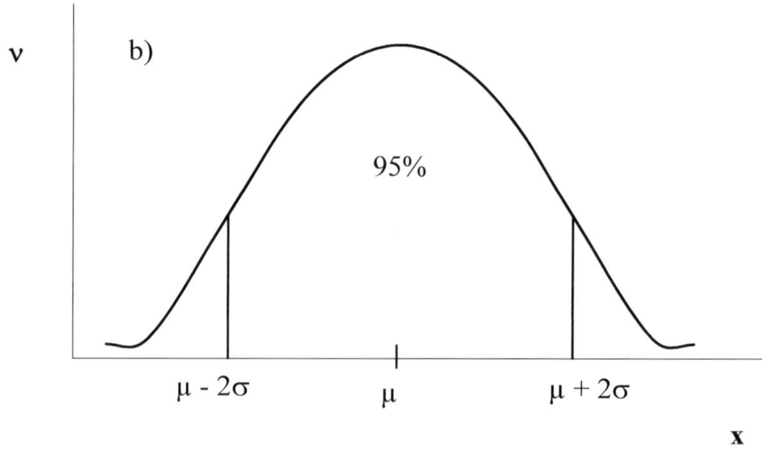

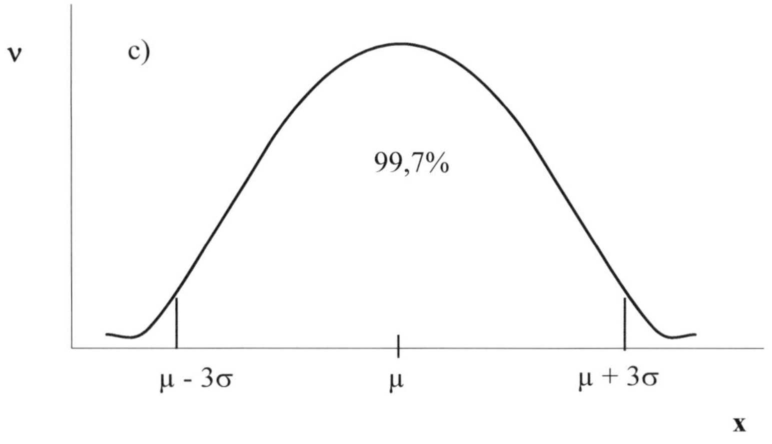

Dependiendo del valor de μ, la curva aparece en distintas posiciones sobre el eje x, y dependiendo del valor de σ la curva es más o menos ancha.

La curva es siempre la normal, pero los datos son siempre distintos, lo que dificulta las comparaciones entre datos. Para facilitar estas operaciones, y para poder construir tablas que tengan validez universal, es necesario disponer de una variable "tipificada" o "estandarizada" que pueda servir de referencia.

Por definición, la escala tipificada o distribución z-normal es la que tiene media cero y desviación estándar unidad.

$$z_i = \frac{x_i - \bar{x}}{s}$$

La distribución normal no sólo se aplica cuando se toman medidas repetidas de un único ejemplar, generalmente los resultados de medir la misma magnitud para diferentes materiales de fuentes similares también se adaptan a la distribución normal.

Rechazo de datos. Test ••de Dixon

En un conjunto de medidas experimentales puede aparecer algún dato muy diferente del resto.

Estos datos se denominan anómalos o discrepantes y hemos de decidir si incluirlos o rechazarlos.

Hay métodos estadísticos que son fiables en distribuciones normales con más de 50 datos experimentales, pero se han de usar con precaución cuando se apliquen a un número pequeño de datos.

Un test estadístico sencillo es el test Q de Dixon, en él se calcula un valor Q_{exp} de la siguiente manera:

$$Q_{\exp} = \frac{|x_d - x_p|}{W}$$

x_d = dato dudoso
x_p = dato de valor más próximo al dato dudoso
W = rango, recorrido o dispersión = diferencia en valor absoluto entre el valor máximo y mínimo del conjunto de datos

El valor de Q_{exp} se compara con los valores críticos, Q_{crit} (recogidos en la tabla), de modo que, si $Q_{exp} > Q_{crit}$ el dato dudoso puede ser rechazado con un cierto nivel de confianza.

Este test sería conveniente hacerlo antes de los cálculos de la media y de la desviación estándar.

Valores de Q_{crit} a distintos niveles de confianza

Nº de datos	Q_{crit} al 90%	Q_{crit} al 95%	Q_{crit} al 99%
3	0,941	0,970	0,994
4	0,765	0,829	0,926
5	0,642	0,720	0,821
6	0,560	0,625	0,740
7	0,507	0,568	0,680
8	0,468	0,526	0,634
9	0,437	0,493	0,598
10	0,412	0,466	0,568

Tablas para mayor número de datos se pueden encontrar en textos especializados.

Intervalo de confianza. Test ••de Student

El verdadero valor de la media, μ, en un estudio químico nunca se conoce, pero con la estadística se pueden establecer unos límites en torno a la media muestral, $\bar{x}$, determinada experimentalmente, dentro de los cuales cabe esperar que se encuentre la media verdadera, con un cierto grado de probabilidad.

Estos límites se denominan límites de confianza y el intervalo definido por estos límites se conoce como intervalo de confianza.

Para definir un intervalo de confianza es preciso elegir el nivel de significación (α o P). Si se supone que el área bajo la curva de distribución es igual a 1, α o P representan el área total excluida (en las colas) respecto a 1.

P = 0,05 que es el valor más habitual, indicaría que se ha excluido un 5% de la superficie total de la curva en las colas.

El tamaño del intervalo de confianza depende del nivel de exactitud deseada. El intervalo será relativamente pequeño si se acepta una probabilidad del 95% de que en él se encuentre el verdadero valor medio. Será mayor si la probabilidad que queremos es del 99%. En resumen, el intervalo crecerá al aumentar la probabilidad de encontrar en él el verdadero valor medio.

Una forma de expresar el resultado final de una serie de medidas es: $\bar{x} \pm s\,(n)$.

Otra forma de expresar el límite de confianza sería:

$$\bar{x} \pm \frac{t \cdot s}{\sqrt{n}}$$

$\bar{x}$ = media
s = desviación estándar
n = tamaño de la muestra
t = factor estadístico, *t de Student*, que depende del nivel de confianza con el que se quieren expresar los límites de confianza, y también depende del tamaño de la muestra.

Valores de *t de Student* a distintos niveles de confianza

Grados de libertad (n – 1)	t al 90%	t al 95%	t al 99%
1	6,314	12,706	63,657
2	2,920	4,303	9,925
3	2,353	3,182	5,841
4	2,132	2,776	4,604
5	2,015	2,571	4,032
6	1,943	2,447	3,707
7	1,895	2,365	3,500
8	1,860	2,306	3,355
9	1,833	2,262	3,250

Comparación de dos series de medidas. Test *F* de Snedecor

Es un método sencillo que no necesita que las series de medidas se hayan obtenido de la misma muestra, es suficiente que las muestras sean semejantes y que pueda suponerse que las fuentes de error indeterminado sean las mismas.

El test F de Snedecor, también denominado test F de Fischer, supone que las precisiones son idénticas, pues se basa en la hipótesis nula. F se calcula como el cociente de las varianzas de las 2 series de medidas.

$$F_{cal} = \frac{s_1^2}{s_2^2}$$

Dado que los valores calculados de F son siempre mayores que 1, ha de situarse en el numerador la varianza mayor.

Para decidir cuándo las varianzas de los dos conjuntos difieren de forma significativa, se recurre a valores tabulados de *F de Snedecor* (valores críticos) para un cierto valor de significación.

Si $F_{cal} < F_{crít}$ no hay diferencias significativas entre las varianzas. Si $F_{cal} > F_{crít}$ las varianzas de los dos conjuntos no son de la misma magnitud.

En la tabla se dan valores críticos de F a un nivel de probabilidad del 5%. Existen tablas más extensas en cualquier manual de Matemáticas.

El test F se usa para determinar si un método es más preciso que otro, o para indicar si hay diferencia de precisión entre los dos métodos. En la primera aplicación, la varianza del método que se supone más preciso se pone en el denominador. En la segunda aplicación, la varianza mayor se pone siempre en el numerador.

F de Snedecor al 5% (nivel de confianza del 95%)

Grados de libertad denominador	Grados de libertad numerador							
	2	3	4	5	6	12	20	∞
2	19,00	19,16	19,25	19,30	19,33	19,41	19,45	19,50
3	9,552	9,277	9,117	9,013	8,941	8,745	8,660	8,526
4	6,944	6,591	6,388	6,256	6,163	5,912	5,803	5,628
5	5,786	5,409	5,192	5,050	4,950	4,678	4,558	4,365
6	5,143	4,757	4,534	4,387	4,284	4,000	3,874	3,669
12	3,885	3,490	3,259	3,106	2,996	2,687	2,544	2,296
20	3,493	3,098	2,866	2,711	2,599	2,278	2,124	1,843
∞	2,996	2,605	2,372	2,214	2,099	1,752	1,571	1,000

Ejercicios resueltos

3.1.- (F) En el análisis del contenido de cobre en un latón para construcción naval se han obtenido los siguientes valores: 55,20; 55,60; 56,95; 55,60 y 55,10, expresados en %. Utilizando el test de la Q de Dixon, indicar si debe rechazarse alguno de dichos valores.

En la tabla Q de Dixon se lee el valor: $Q_{n=5\,(P=0,05)} = 0,72$

$$Q_{calculado} = \frac{|Valor\ dudoso - Valor\ más\ próximo|}{|Valor\ mayor - Valor\ menor|}$$

$$Q_{calculado} = \frac{|56,95 - 55,60|}{|56,95 - 55,10|} = 0,73$$ $Q_{tabulado} = 0,72 < Q_{calculado} = 0,73$

El resultado 56,95% debe ser rechazado para un 95% de probabilidad.

3.2.- (F) Aplicar la prueba de Q a los siguientes conjuntos de datos relativos a la concentración en ppm de un contaminante en dos medios físicos diferentes, para determinar si el resultado dudoso debe ser mantenido o rechazado con un nivel de confianza del 95%: a) 41,27; 41,61; 41,84; 41,70; b) 7,295; 7,284; 7,388; 7,292

a) En la tabla Q de Dixon se lee el valor: $Q_{n=4\,(P=0,05)} = 0,829$

$$Q_{calculado} = \frac{|Valor\ dudoso - Valor\ más\ próximo|}{|Valor\ mayor - Valor\ menor|}$$ Valor dudoso – 41,27 ppm

$$Q_{calculado} = \frac{|41,27 - 41,61|}{|41,84 - 41,27|} = 0,60$$ $Q_{tabulado} = 0,829 > Q_{calculado} = 0,60$

El resultado 41,27 ppm debe ser mantenido para un 95% de probabilidad.

b) $$Q_{calculado} = \frac{|Valor\ dudoso - Valor\ más\ próximo|}{|Valor\ mayor - Valor\ menor|}$$ Valor dudoso = 7,388 ppm

$$Q_{calculado} = \frac{|7,388 - 7,295|}{|7,388 - 7,284|} = 0,894$$ $Q_{tabulado} = 0,829 < Q_{calculado} = 0,894$

El resultado 7,388 ppm debe ser rechazado para un 95% de probabilidad.

3.3.- (D) En un laboratorio se analiza el contenido en manganeso de una pintura de carrocería de automóvil, y se obtienen los siguientes resultados en % Mn: 7,3; 7,5; 7,4; 7,1; 7,2; 8,1; 7,0; 7,2; 7,2; 7,3. Calcular la media, la mediana, la desviación estándar, la desviación estándar relativa, la desviación estándar de la media, los límites de confianza de la media y los límites de confianza de cualquier medida.

En principio vamos a determinar si el valor 8,1 es discordante.

$$Q_{calculado} = \frac{|valor\ dudoso - valor\ más\ próximo|}{|valor\ mayor - valor\ menor|} \qquad Q_{calculado} = \frac{|8,1-7,5|}{|8,1-7,0|} = 0,55$$

En la tabla Q de Dixon se lee el valor: $Q_{n=10\,(P=0,10)} = 0,412$
$Q_{tabulado} = 0,412 < Q_{calculado} = 0,55$
El valor 8,1% debe ser rechazado para un 90% de probabilidad.

$$\bar{x} = \frac{\sum_{i=1}^{n} x_i}{n} \qquad \bar{x} = \frac{7,0\cdot 1 + 7,1\cdot 1 + 7,2\cdot 3 + 7,3\cdot 2 + 7,4\cdot 1 + 7,5\cdot 1}{9}$$

$\bar{x} = 7,24 \approx 7,2\%$ Mediana: 7,2%

$$s = \sigma = \sqrt{\frac{\sum_{i=1}^{n}\left(x_i - \bar{x}\right)^2}{n-1}} \qquad s = \sigma = \sqrt{\frac{0,2^2 + 0,1^2 + 0,0^2 + 0,1^2 + 0,2^2 + 0,3^2 + 0,1^2}{9-1}}$$

$$s = \sigma = 0,16 = 1,6\cdot 10^{-1}\%$$

$$s_r = \frac{s}{\bar{x}}\cdot 100 \qquad s_r = \frac{1,6\cdot 10^{-1}}{7,2}\cdot 100 = 2,2\%$$

$$\sigma_m = \frac{s}{\sqrt{n}} \qquad \sigma_m = \frac{1,6\cdot 10^{-1}}{\sqrt{9}} = 5,3\cdot 10^{-2}\%$$

En la tabla t de Student se lee: $t_{n=9\,(P=0,05)} = 2,306$

Límites de confianza de la media:
$\bar{x} \pm \sigma_m \cdot t$ $\qquad \left(7,2 \pm 5,3\cdot 10^{-2}\cdot 2,306\right) = \left(7,2 \pm 0,1\right)\%$

El verdadero valor medio con un 95 % de probabilidad se encontrará entre 7,1% y 7,3%.

Límite de confianza de cualquier medida:

$\bar{x} \pm \sigma \cdot t$ $\qquad (7{,}2 \pm 1{,}6 \cdot 10^{-1} \cdot 2{,}306) = (7{,}2 \pm 0{,}4)\%$

Toda medida con un 95% de probabilidad se encontrará entre los límites: 6,8% a 7,6%.
Se debe de eliminar cualquier valor que quede fuera de dicho intervalo.

3.4.- (D) En un laboratorio se analiza el contenido en titanio de una pintura de carrocería de automóvil, y se obtienen los siguientes resultados en % Ti: 4,1; 4,6; 4,5; 4,5; 5,3; 5,0; 5,5; 4,9; 4,7; 5,1. Calcular la media, la mediana, la desviación estándar, la desviación estándar relativa, la desviación estándar de la media y los límites de confianza de la media.

En principio vamos a determinar si el valor 4,1 es discordante, aplicando el test *Q* de Dixon.

$$Q_{calculado} = \frac{|valor\ dudoso - valor\ más\ próximo|}{|valor\ mayor - valor\ menor|} \qquad Q_{calculado} = \frac{|4{,}1 - 4{,}5|}{|4{,}1 - 5{,}5|} = 0{,}29$$

En la tabla *Q* de Dixon se lee el valor: $Q_{n=10\,(P=0,10)} = 0{,}412$
$Q_{tabulado} = 0{,}412 > Q_{calculado} = 0{,}29$
El valor 4,1% no debe ser rechazado para un 90% de probabilidad.

$$\bar{x} = \frac{\sum_{i=1}^{n} x_i}{n}$$

$$\bar{x} = \frac{4{,}1 \cdot 1 + 4{,}5 \cdot 2 + 4{,}6 \cdot 1 + 4{,}7 \cdot 1 + 4{,}9 \cdot 1 + 5{,}0 \cdot 1 + 5{,}1 \cdot 1 + 5{,}3 \cdot 1 + 5{,}5 \cdot 1}{10}$$

$$\bar{x} = 4{,}82 \cong 4{,}8\% \qquad mediana = \frac{4{,}7 + 4{,}9}{2} = 4{,}8\%$$

$$s = \sigma = \sqrt{\frac{\sum_{i=1}^{n} (x_i - \bar{x})^2}{n-1}}$$

$$s = \sigma = \sqrt{\frac{0{,}7^2 + 2 \cdot 0{,}3^2 + 2 \cdot 0{,}2^2 + 2 \cdot 0{,}1^2 + 0{,}3^2 + 0{,}5^2 + 0{,}7^2}{10-1}} \qquad s = \sigma = 0{,}42\%$$

$$s_r = \frac{s}{\bar{x}} \cdot 100 \qquad\qquad s_r = \frac{0,42}{4,8} \cdot 100 = 8,8\%$$

$$\sigma_m = \frac{s}{\sqrt{n}} \qquad\qquad \sigma_m = \frac{0,42}{\sqrt{10}} = 0,13\%$$

En la tabla *t* de Student se lee: $t_{n=10\,(P=0,05)} = 2,262$

Límites de confianza de la media:

$$\bar{x} \pm \sigma_m \cdot t \qquad\qquad (4,8 \pm 0,13 \cdot 2,262) = (4,8 \pm 0,3)\%$$

El verdadero valor medio con un 95% de probabilidad se encontrará entre 4,5% y 5,1%.

3.5.- (M) En unas prácticas de laboratorio de química realizadas por 18 alumnos determinan la concentración de una disolución de ácido clorhídrico por valoración con disolución de hidróxido de sodio, obteniéndose los siguientes resultados: 0,843; 0,832; 0,835; 0,839; 0,838; 0,834; 0,832; 0,842; 0,900; 0,835; 0,837; 0,839; 0,842; 0,938; 0830; 0,837; 0,844; 0,833, expresados en mol L^{-1}.

a) **Calcular la media aritmética, la desviación estándar de la media y la desviación normal o estándar.**

b) **Calcular el coeficiente de variación de los resultados; los intervalos de confianza para un nivel de significación del 95% y el error relativo sobre el valor medio. Dato: $t_{n=17\,(P=0,05)} = 2,110$**

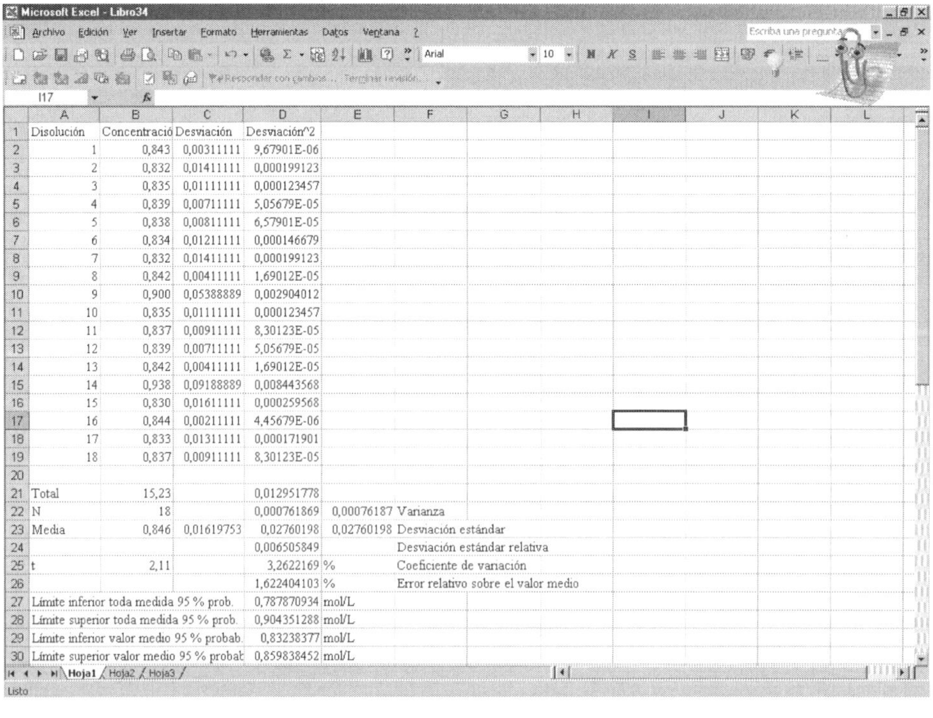

	A	B	C	D	E	F
1	Disolución	Concentració	Desviación	Desviación^2		
2	1	0,843	0,00311111	9,67901E-06		
3	2	0,832	0,01411111	0,000199123		
4	3	0,835	0,01111111	0,000123457		
5	4	0,839	0,00711111	5,05679E-05		
6	5	0,838	0,00811111	6,57901E-05		
7	6	0,834	0,01211111	0,000146679		
8	7	0,832	0,01411111	0,000199123		
9	8	0,842	0,00411111	1,69012E-05		
10	9	0,900	0,05388889	0,002904012		
11	10	0,835	0,01111111	0,000123457		
12	11	0,837	0,00911111	8,30123E-05		
13	12	0,839	0,00711111	5,05679E-05		
14	13	0,842	0,00411111	1,69012E-05		
15	14	0,938	0,09188889	0,008443568		
16	15	0,830	0,01611111	0,000259568		
17	16	0,844	0,00211111	4,45679E-06		
18	17	0,833	0,01311111	0,000171901		
19	18	0,837	0,00911111	8,30123E-05		
20						
21	Total	15,23		0,012951778		
22	N	18		0,000761869	0,00076187	Varianza
23	Media	0,846	0,01619753	0,02760198	0,02760198	Desviación estándar
24				0,006505849		Desviación estándar relativa
25	t	2,11		3,2622169	%	Coeficiente de variación
26				1,622404103	%	Error relativo sobre el valor medio
27	Límite inferior toda medida 95 % prob.			0,787870934	mol/L	
28	Límite superior toda medida 95 % prob.			0,904351288	mol/L	
29	Límite inferior valor medio 95 % probab.			0,83238377	mol/L	
30	Límite superior valor medio 95 % probab			0,859838452	mol/L	

a) $\bar{x} = \dfrac{\sum_{i=1}^{n} x_i}{n}$ $\qquad$ $\bar{x} = 0{,}846\,\text{mol L}^{-1}$

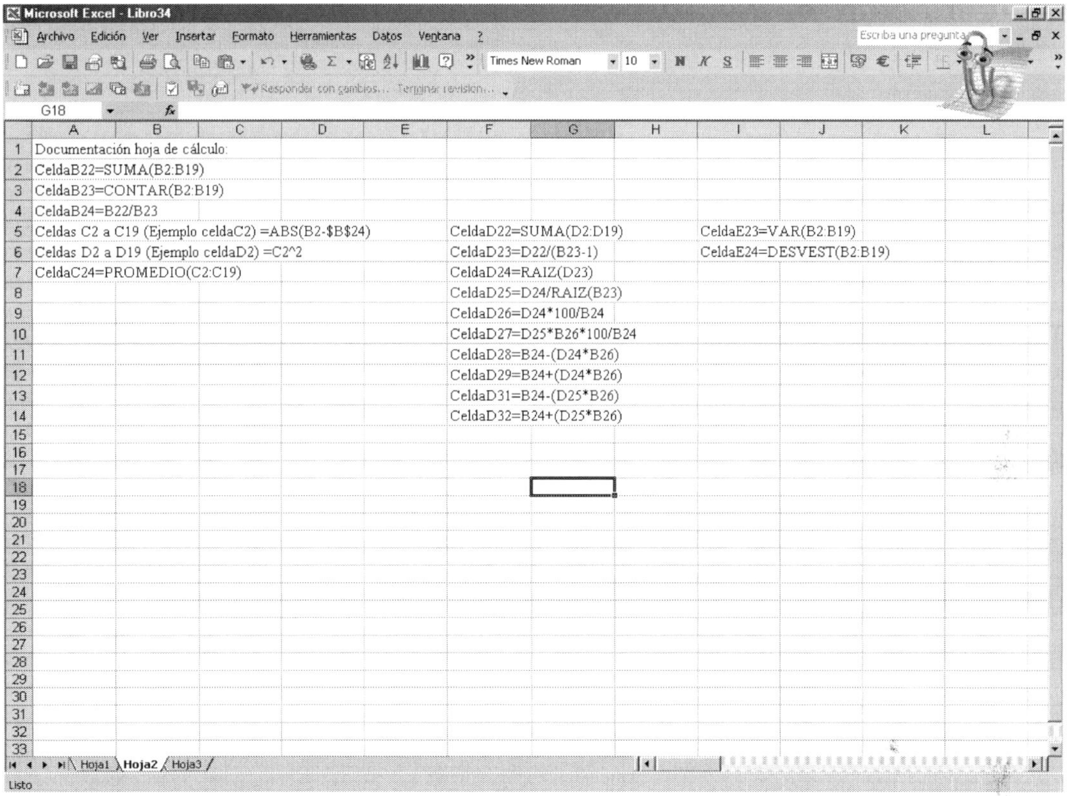

$s = \sigma = \sqrt{\dfrac{\sum_{i=1}^{n} \left(x_i - \bar{x}\right)^2}{n-1}}$ $\qquad$ $s = \sigma = 0{,}027\,\text{mol L}^{-1}$

$\sigma_m = \dfrac{s}{\sqrt{n}}$ $\qquad$ $\sigma_m = \dfrac{0{,}027}{\sqrt{18}} = 0{,}0064\,\text{mol L}^{-1}$

b) $(C.V) = s_r = \dfrac{s}{\bar{x}} \cdot 100$ $\qquad$ $s_r = \dfrac{0{,}027}{0{,}846} \cdot 100 = 3{,}2\%$

Toda medida con un 95% de probabilidad debe encontrarse entre los límites:

$\bar{x} \pm \sigma \cdot t$ $\qquad$ $(0{,}846 \pm 0{,}027 \cdot 2{,}110) = (0{,}846 \pm 0{,}057)\,\text{mol L}^{-1}$

Es decir, 0,789 – 0,903 mol L^{-1}

El verdadero valor medio con un 95% de probabilidad debe encontrarse entre los límites:

$$\bar{x} \pm \sigma_m \cdot t \qquad (0{,}846 \pm 0{,}0064 \cdot 2{,}110) = (0{,}846 \pm 0{,}013)\ \text{mol L}^{-1}$$

Es decir, 0,833 – 0,859 mol L^{-1}

Error relativo sobre el valor medio:

$$\frac{\sigma_m \cdot t}{\bar{x}} \cdot 100 = \frac{0{,}013}{0{,}846} \cdot 100 = 1{,}5\%$$

3.6.- (M) El mercurio es uno de los contaminantes marinos más peligrosos porque se acumula en los peces. En el estudio de determinación del metal en partes alícuotas de disolución de una muestra de pez-espada se han obtenido los siguientes resultados expresados en ppm: 1,08; 1,07; 1,09; 1,03; 1,10; 1,00; 1,05; 1,08; 1,05; 1,07. Determinar:

- **a) el valor medio obtenido en el análisis, la desviación estándar y la desviación estándar de la media;**
- **b) el intervalo de confianza de los resultados para un nivel de significación del 95%, el coeficiente de variación de los mismos y el error relativo sobre el valor medio.**

a) En principio el valor 1,00 parece discordante, realizamos los cálculos sin tenerlo en cuenta y se comprueba que no esté dentro del intervalo de confianza.

$$\bar{x} = \frac{\sum_{i=1}^{n} x_i}{n}$$

$$\bar{x} = \frac{1{,}08 \cdot 2 + 1{,}07 \cdot 2 + 1{,}09 + 1{,}03 + 1{,}10 + 1{,}05 \cdot 2}{9} \qquad \bar{x} = 1{,}07\ \text{ppm}$$

$$s = \sigma = \sqrt{\frac{\sum_{i=1}^{n} (x_i - \bar{x})^2}{n-1}}$$

$$s = \sigma = \sqrt{\frac{0{,}01^2 \cdot 2 + 0{,}00^2 \cdot 2 + 0{,}02^2 \cdot 3 + 0{,}03^2 + (0{,}04)^2}{9-1}} \qquad s = \sigma = 0{,}022\ \text{ppm}$$

$$\sigma_m = \frac{s}{\sqrt{n}} \qquad\qquad \sigma_m = \frac{0{,}022}{\sqrt{9}} = 0{,}0074 \text{ ppm}$$

b) En la tabla *t* de Student se lee: $t_{n=9\,(P=0{,}05)} = 2{,}306$

$$\bar{x} \pm \sigma \cdot t \qquad\qquad (1{,}07 \pm 0{,}022 \cdot 2{,}306) = (1{,}07 \pm 0{,}05)\,\text{ppm}$$

Intervalo (1,02 – 1,12), por lo que el valor 1,00 se debe rechazar al no pertenecer al intervalo de confianza.

Intervalo de confianza de los resultados: $(1{,}07 \pm 0{,}05)\,\text{ppm}$

$$(C.V) = s_r = \frac{\sigma}{\bar{x}} \cdot 100 \qquad\qquad s_r = \frac{0{,}022}{1{,}07} \cdot 100 = 2{,}1\%$$

Error relativo sobre el valor medio:

$$\frac{\sigma_m \cdot t}{\bar{x}} \cdot 100 = \frac{0{,}0074 \cdot 2{,}306}{1{,}07} \cdot 100 = 1{,}6\%$$

3.7.- (M) En determinaciones repetidas del nivel de plomo en una muestra de sangre se obtuvieron los siguientes resultados: 0,752; 0,756; 0,752; 0,751; 0,760 y 0,770 ppm de Pb. Calcular para esta serie de datos, a) la media, b) la desviación estándar, c) la varianza, d) la desviación estándar de la media, e) la desviación estándar relativa en partes por mil, f) el coeficiente de variación, g) la dispersión o rango, h) los límites de confianza de cualquier medida, i) los límites de confianza de la media.

El resultado 0,770 ppm parece discordante, realizamos los cálculos sin él y se comprueba que no esté dentro del intervalo de confianza.

a) $\bar{x} = \dfrac{\sum_{i=1}^{n} x_i}{n}$

$$\bar{x} = \frac{0{,}752 + 0{,}756 + 0{,}752 + 0{,}751 + 0{,}760}{5} \qquad\qquad \bar{x} = 0{,}754\,\text{ppm}$$

b) $s = \sigma = \sqrt{\dfrac{\sum_{i=1}^{n}\left(x_i - \bar{x}\right)^2}{n-1}}$ $\qquad\qquad s = \sigma = \sqrt{\dfrac{0{,}002^2 \cdot 3 + 0{,}003^2 + 0{,}006^2}{5-1}}$

$s = \sigma = 0{,}0038 = 3{,}8 \cdot 10^{-3}$ ppm

c) *varianza* $= s^2 = \sigma^2 = 1{,}4.10^{-5}$

d) $\sigma_m = \frac{s}{\sqrt{n}}$ $\qquad \sigma_m = \frac{3{,}8 \cdot 10^{-3}}{\sqrt{5}} = 1{,}7 \cdot 10^{-3}$ ppm

e) $s_r = \frac{s}{\bar{x}} \cdot 1000$ $\qquad s_r = \frac{3{,}8 \cdot 10^{-3}}{0{,}754} \cdot 1000 = 5{,}0$ partes por mil

f) $s_r = \frac{s}{\bar{x}} \cdot 100$ $\qquad s_r = \frac{3{,}8 \cdot 10^{-3}}{0{,}754} \cdot 100 = 0{,}50\%$

g) $W = 0{,}760 - 0{,}751 = 0{,}009$ ppm

h) Cualquier medida de la concentración de plomo, con un 95% de probabilidad, debe encontrarse entre los límites

$\bar{x} \pm \sigma \cdot t$ Buscando en la tabla *t* de Student: t = 2,776 para N = n – 1 = 4 y P = 0,05

$$\bar{x} \pm \sigma \cdot t = \left(0{,}754 \pm 3{,}8 \cdot 10^{-3} \cdot 2{,}776\right) = \left(0{,}754 \pm 0{,}011\right)\text{ppm}$$

El intervalo va desde 0,743 a 0,765, se debe eliminar cualquier valor que quede fuera del mismo. El valor 0,770 ppm de Pb se debe eliminar.

i) Límites de confianza de la media:

$\bar{x} \pm \sigma_m \cdot t$ $\qquad \left(0{,}754 \pm 1{,}7 \cdot 10^{-3} \cdot 2{,}776\right) = \left(0{,}754 \pm 0{,}005\right)\text{ppm}$

El verdadero valor medio con un 95% de probabilidad debe encontrarse entre 0,749 y 0,759 ppm de Pb.

3.8.- (D) En la determinación de carbono en una muestra patrón de fundición, cuyo contenido certificado es de 3,11 ± 0,01%, se obtuvieron los resultados siguientes expresados en % en masa:
3,10; 3,11; 3,20; 3,13; 3,12; 3,15; 3,09; 3,10
Utilizando el test de Student determinar si existe error sistemático en el resultado obtenido para una significación del 1%.

De acuerdo con la teoría estadística tenemos que el valor verdadero (μ) es:

$\mu = \bar{x} \pm \frac{\sigma \cdot t}{\sqrt{n}}$ t = magnitud estadística que depende de n y del nivel de significación

$$\bar{x} = \frac{3{,}10 \cdot 2 + 3{,}13 \cdot 1 + 3{,}11 \cdot 1 + 3{,}20 \cdot 1 + 3{,}12 \cdot 1 + 3{,}15 \cdot 1 + 3{,}09 \cdot 1}{8} \qquad \bar{x} = 3{,}13\%$$

$$s = \sigma = \sqrt{\frac{\sum_{i=1}^{n}\left(x_i - \bar{x}\right)^2}{n-1}} \qquad s = \sigma = \sqrt{\frac{0{,}03^2 \cdot 2 + 0{,}02^2 \cdot 2 + 0{,}07^2 + 0{,}01^2 + 0{,}04^2}{8-1}}$$

$$s = \sigma = 0{,}036 = 3{,}6 \cdot 10^{-2}\%$$

$$\mu = \bar{x} \pm \frac{\sigma \cdot t}{\sqrt{n}} \qquad 3{,}11 = 3{,}13 \pm \frac{0{,}036 \cdot \mathrm{t}}{\sqrt{8}} \qquad \mathrm{t} = 1{,}57$$

Para un número de grados de libertad N = n – 1 = 7 y para P = 0,01 en la tabla de Student se encuentra t = 3,500

t experimental = 1,57 < t de Student = 3,500, por lo que no hay evidencia de error sistemático en el resultado obtenido.

3.9.- (D) En el estudio de exactitud de un nuevo método de análisis, se determina el contenido de cromo en una muestra patrón de una aleación usada como elemento eléctrico de calefacción en aparatos industriales, cuyo valor certificado es 57,3%. Para una serie de seis determinaciones efectuadas mediante dicho método se encuentran los siguientes resultados: valor medio 55,7%; desviación estándar 0,72. Aplicar el cálculo estadístico para evaluar la exactitud del método y estimar si hay evidencia de error sistemático.

$$\mu = \bar{x} \pm \frac{\sigma \cdot t}{\sqrt{n}} \qquad 57{,}3 = 55{,}7 \pm \frac{0{,}72 \cdot \mathrm{t}}{\sqrt{6}}$$

t = -5,44 $\qquad$ $t_{exp.}$ = 5,44 (valor absoluto)

El número de grados de libertad es de N = n – 1 = 5 y para P = 0,05 en la tabla de Student t = 2,571

$t_{exp.}$ = 5,44 > $t_{Student}$ = 2,571, hay evidencia de un error sistemático de valor 1,6 (valor calculado a continuación)

error absoluto (medida de la exactitud):

$$E_a = \bar{x} - \mu(valor \quad verdadero) = 55{,}7 - 57{,}3 = -1{,}6\%$$

$$error\ relativo = \frac{\bar{x}-\mu}{\mu}\cdot 100 = \frac{55,7-57,3}{57,3}\cdot 100 = -\,2,79\%$$

3.10.- (D) Se realizó la comparación entre un método estándar para la determinación de plomo en berberechos y un método propuesto. Se obtuvieron los siguientes resultados para una disolución de la muestra en la que se hicieron 8 determinaciones:

Método	Media, µg L^{-1}	Desviación estándar, µg L^{-1}
Estándar	**25**	**0,70**
Propuesto	**27**	**0,35**

Utilizando los tests F de comparación de desviaciones estándar, indicar:

a) si la precisión del método propuesto es significativamente mayor que la del método estándar;

b) si los dos métodos (estándar y propuesto) difieren en precisión.

Datos: (test de 1 sesgo) $F_{7,7}$ tablas$_{(P=0,05)}$ = 3,787

(test de 2 sesgos) $F_{7,7}$ tablas$_{(P=0,05)}$ = 4,995

a) Se formula la hipótesis nula de que el método estándar es más preciso que el propuesto.
Si queremos saber si el método estándar es más preciso que el propuesto utilizamos el test de un sesgo.

$$F = \frac{(Desviación\ estándar\ método\ estándar)^2}{(Desviación\ estándar\ método\ propuesto)^2} = \frac{\sigma_E^2}{\sigma_P^2} = \frac{0,70^2}{0,35^2} = 4,0$$

En la tabla de valores críticos de F para un test de un sesgo (P = 0,05) y $\frac{v_2}{v_1} = \frac{8\,\text{determinaciones} - 1}{8\,\text{determinaciones} - 1} = \frac{7}{7}$, se encuentra que F = 3,787

Como F_{cal} = 4,0 > F_{crit} = 3,787, la hipótesis nula establecida de que el método estándar es más preciso que el método propuesto es falsa. Por lo tanto el método propuesto es más preciso que el método estándar.

b) Si sólo queremos saber si los dos métodos difieren en precisión, sin saber cuál es más preciso, entonces se haría el test de dos sesgos, para el cual se buscaría F en la tabla y tendría el valor de $F_{7,7}$ = 4,995; en este caso: F_{cal} = 4,0 < F_{crit} = 4,995, de lo que se deduce que no hay diferencia significativa entre las dos varianzas a un nivel del 5%.

3.11.- En un laboratorio de métodos espectrofotométricos se quiere evaluar la reproducibilidad de un método. Para ello se preparan diez disoluciones conteniendo la misma concentración de Fe (III) y de un agente complejante; se leen sus absorbancias en un espectrofotómetro a la longitud de onda de 265 nm. Los resultados obtenidos se indican a continuación:

Matraz	Absorbancia
1	0,645
2	0,650
3	0,645
4	0,650
5	0,640
6	0,640
7	0,645
8	0,645
9	0,645
10	0,645

Calcular: a) la media aritmética, b) la desviación estándar o típica, c) la varianza, d) el error relativo sobre el valor medio, e) los límites de confianza de la media para un nivel de significación del 95%.

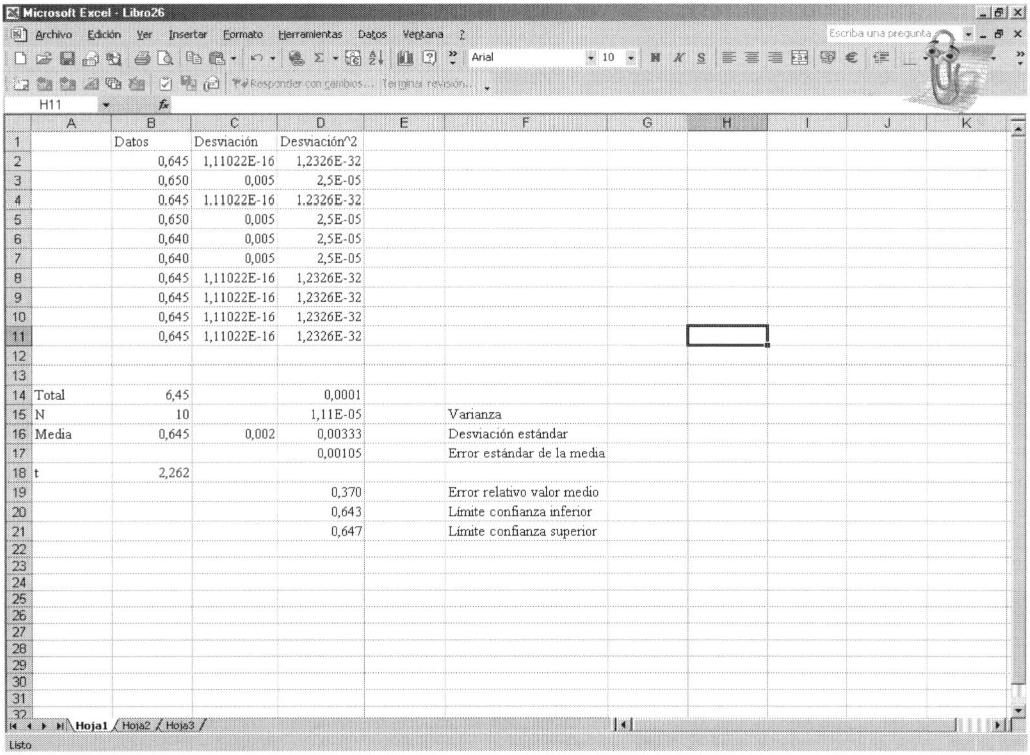

	A	B	C	D	E	F
1		Datos	Desviación	Desviación^2		
2		0,645	1,11022E-16	1,2326E-32		
3		0,650	0,005	2,5E-05		
4		0,645	1.11022E-16	1.2326E-32		
5		0,650	0,005	2,5E-05		
6		0,640	0,005	2,5E-05		
7		0,640	0,005	2,5E-05		
8		0,645	1,11022E-16	1,2326E-32		
9		0,645	1,11022E-16	1,2326E-32		
10		0,645	1,11022E-16	1,2326E-32		
11		0,645	1,11022E-16	1,2326E-32		
14	Total	6,45		0,0001		
15	N	10		1,11E-05		Varianza
16	Media	0,645	0,002	0,00333		Desviación estándar
17				0,00105		Error estándar de la media
18	t	2,262				
19				0,370		Error relativo valor medio
20				0,643		Límite confianza inferior
21				0,647		Límite confianza superior

a) $\bar{x} = \frac{\sum_{i=1}^{n} x_i}{n}$ $\quad\quad$ $\bar{x} = 0{,}645$

b) $s = \sigma = \sqrt{\frac{\sum_{i=1}^{n} (x_i - \bar{x})^2}{n-1}}$ $\quad\quad$ s = σ = 0,0033

c) $s^2 = \sigma^2 = 0{,}0033^2 = 1{,}1 \cdot 10^{-5}$

d) $\sigma_m = \frac{s}{\sqrt{n}}$ $\quad\quad$ $\sigma_m = 0{,}0010$

Error relativo sobre el valor medio = $\frac{\sigma_m \cdot t}{\bar{x}} \cdot 100$

En la tabla *t* de Student se lee: $t_{n=10\ (P=0{,}05)} = 2{,}262$

Error relativo sobre el valor medio = $\frac{0{,}0010 \cdot 2{,}262}{0{,}645} \cdot 100 = 0{,}35\%$

e) Toda medida con un 95% de probabilidad debe encontrarse entre los límites:

$\bar{x} \pm \sigma \cdot t = (0{,}645 \pm 0{,}0033 \cdot 2{,}262)$

$\bar{x} \pm \sigma \cdot t = (0{,}645 \pm 0{,}007)$

Es decir: 0,638 – 0,652 unidades de absorbancia

El verdadero valor medio con un 95% de probabilidad debe encontrarse entre los límites:

$\bar{x} \pm \sigma_m \cdot t = (0{,}645 \pm 0{,}0010 \cdot 2{,}262)$

$\bar{x} \pm \sigma_m \cdot t = (0{,}645 \pm 0{,}002)$

Es decir: 0,643 – 0,647 unidades de absorbancia

3.12.- En un estudio de evaluación de la precisión de dos espectrofotómetros de absorción atómica se midió una muestra patrón de Pb (II), y se obtuvieron las series de $n_1 = 9$ y $n_2 = 8$ datos, recogidos en la tabla siguiente.

a) Calcular el valor medio y la desviación estándar para cada serie.
b) Comprobar si los dos instrumentos obtienen varianzas iguales o distintas.

Serie I	Serie II
225	212
233	211
222	207
222	216
214	210
223	214
223	210
227	211
225	

Datos: (test de 2 sesgos) $F_{7,8}$ tablas$_{(P = 0,05)}$ = 4,53

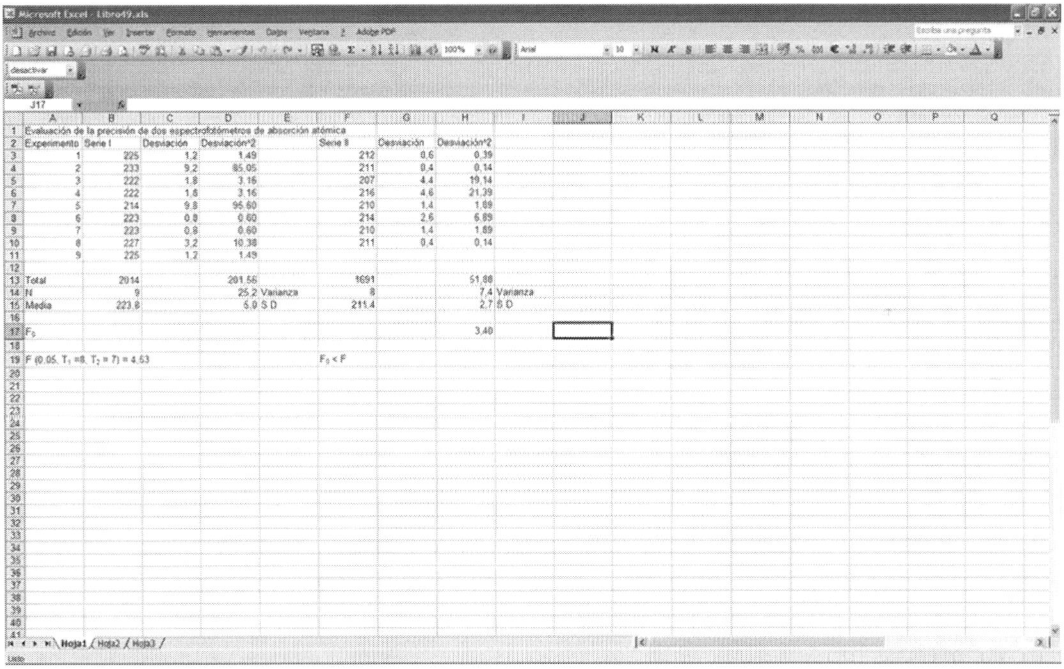

	A	B	C	D	E	F	G	H	I
1	Evaluación de la precisión de dos espectrofotómetros de absorción atómica								
2	Experimento	Serie I	Desviación	Desviación^2		Serie II	Desviación	Desviación^2	
3	1	225	1,2	1,49		212	0,6	0,39	
4	2	233	9,2	85,05		211	0,4	0,14	
5	3	222	1,8	3,16		207	4,4	19,14	
6	4	222	1,8	3,16		216	4,6	21,39	
7	5	214	9,8	95,60		210	1,4	1,89	
8	6	223	0,8	0,60		214	2,6	6,89	
9	7	223	0,8	0,60		210	1,4	1,89	
10	8	227	3,2	10,38		211	0,4	0,14	
11	9	225	1,2	1,49					
12									
13	Total	2014		201,56		1691		51,88	
14	N	9		25,2	Varianza	8		7,4	Varianza
15	Media	223,8		5,0	S D	211,4		2,7	S D
16									
17	F_0							3,40	
18									
19	F (0,05, T_1 = 8, T_2 = 7) = 4,53					F_0 < F			

a) Según se muestra en la pantalla anterior:

Serie I: $\bar{x} \pm s = (223{,}8 \pm 5{,}0)$

Serie II: $\bar{x} \pm s = (211{,}4 \pm 2{,}7)$

b)

$$F = \frac{(Desviación\ estándar\ serie\ I)^2}{(Desviación\ estándar\ serie\ II)^2} = \frac{\sigma_I^2}{\sigma_{II}^2} = \frac{5{,}0^2}{2{,}7^2} = 3{,}40$$

En la tabla de valores críticos de F para un test de dos sesgos (P = 0,05) y $\frac{v_2}{v_1} = \frac{8\,\text{determinaciones} - 1}{9\,\text{determinaciones} - 1} = \frac{7}{8}$, se encuentra que F = 4,53

Como $F_{calculada} = 3{,}40 < F_{tabulada} = 4{,}53$, se acepta la hipótesis nula: los dos instrumentos dan varianzas iguales para este nivel de significación.

COMPARACIÓN DE RESULTADOS Y MÉTODOS

- Estudio de la normalidad
- Homocedasticidad
- Comparación de medias
- Comparación con un valor de referencia
- Comparación de datos apareados
- Análisis de la varianza (ANOVA)
- Utilización del programa Statgraphics
- Ejercicios resueltos

La comparación de diversos conjuntos de resultados es frecuente en los laboratorios científicos. Por ejemplo, puede interesar comparar diversos métodos de análisis con diferentes características, diferentes analistas entre sí o una serie de laboratorios que analizan muestras del mismo material con el mismo método (ejercicios interlaboratorios), etc. Una de las herramientas de estadística más utilizadas que permite la separación y estimación de las diversas causas de variación en los resultados por posibles errores es el análisis de la varianza (ANOVA, del inglés Analysis of Variance).

Para obtener buenos resultados en análisis, uno de los aspectos más importantes es disponer de una muestra que sea representativa; por lo tanto habrá que poner especial atención en todos los aspectos de la toma de muestra y posterior manipulación. Supuesta una toma de muestra correcta se ha de confirmar que las variables son independientes, es decir, que entre ellas no existe ningún tipo de influencia mutua.

La primera cuestión que se plantea es comprobar si los datos siguen una distribución normal, puesto que muchos de los tests estadísticos solo son válidos cuando los conjuntos de datos siguen este tipo de distribución, también llamada gaussiana. Aunque en muestras grandes no se aprecien tanto los efectos de la no normalidad, siempre se debe estudiar la normalidad de todas las variables, de ahí que comencemos este apartado con la prueba estadística de Normalidad.

Estudio de la normalidad

Los métodos para estudiar la normalidad se clasifican en dos grupos: gráficos y contrastes de hipótesis.

Métodos gráficos: El método gráfico más simple consiste en comprobar visualmente que la representación de los datos, **histograma de frecuencias**, sigue una distribución normal.

Si el número de muestras es pequeño este método no es muy fiable, y habrá que utilizar otros métodos alternativos.

Otro método gráfico es el **diagrama de cuantiles** (gráfico $Q - Q$) o de posiciones. En este diagrama se representan los valores esperados o teóricos frente a los valores observados. Si en la representación se obtiene una línea recta con pequeñas desviaciones aleatorias, la serie de valores sigue una distribución normal.

No se indican más detalles de la construcción de estos gráficos puesto que se obtienen fácilmente mediante programas estadísticos, explicándose este aspecto en el apartado correspondiente a "Utilización del programa Statgraphics".

Contrastes de hipótesis: Los más utilizados son el contraste de Shaphiro–Wilks, para muestras menores de 30 datos y el contraste de Kolmogorov–Smirnov, más apropiado para muestras mayores. Otros contrastes bastante utilizados son los tests de asimetría y curtosis.

El **contraste de Shapiro–Wilks** se basa en la comparación de los cuantiles de la distribución normal ajustada con los cuantiles de los datos.

Shapiro–Wilks evalúan la distribución del estadístico W bajo la hipótesis de normalidad y proporcionan un test que permite rechazar dicha normalidad cuando el estadístico toma valores pequeños.

El cálculo del estadístico W es bastante tedioso y el programa Statgraphics lo proporciona en el resumen estadístico.

En el **contraste de Kolmogorov–Smirnov** la hipótesis nula que se pone a prueba es la de que los datos proceden de una población con distribución normal frente a la alternativa de que no es así. Este contraste determina la distancia máxima entre la función de distribución empírica de la muestra y la teórica, calculando un estadístico K_{exp}. Si el valor del estadístico supera un determinado valor, que está tabulado y que depende del nivel de significación con el que se quiera rechazar la hipótesis nula, se entenderá que esos datos no se distribuyen según una distribución normal.

Desviaciones respecto a la distribución normal

Existen dos tipos de desviaciones fundamentales de una distribución normal: la asimetría y la curtosis.

La **asimetría** indica el sentido en el que se inclina la distribución, es decir, la carencia de simetría en relación a un eje vertical trazado por la media aritmética.

Las asimetrías se pueden agrupar en dos grandes grupos: asimetría positiva y asimetría negativa.

La **curtosis** estudia la deformación de una distribución, en sentido vertical, con respecto a la distribución normal. Tomando la distribución normal como referencia, una determinada distribución puede ser más o menos apuntada que la normal, denominadas, leptocúrtica y platicúrtica, respectivamente.

En ocasiones la falta de normalidad puede corregirse mediante una transformación de la serie de datos, que el programa Statgraphics puede ajustar por aplicación de diferentes tests.

Función de probabilidad no gaussiana

Aunque la mayor parte de los datos experimentales obtenidos en un laboratorio presentan una función de probabilidad normal o gaussiana, existen otros tipos de funciones de probabilidad que poseen sus propios tests estadísticos con los que se comparan diversos criterios: distribución χ^2 o función de Pearson, distribución *t* de Student y distribución *F* de Fisher.

La **distribución χ^2 o función de Pearson** con n grados de libertad se define como la distribución que sigue la variable definida como suma de los cuadrados de *n* variables normales tipificadas independientes, $\chi^2 = \Sigma x_i^2$.

Para un número reducido de grados de libertad, la distribución χ^2 es asimétrica hacia la derecha y al aumentar *n*, la distribución se asemeja cada vez más a la normal.

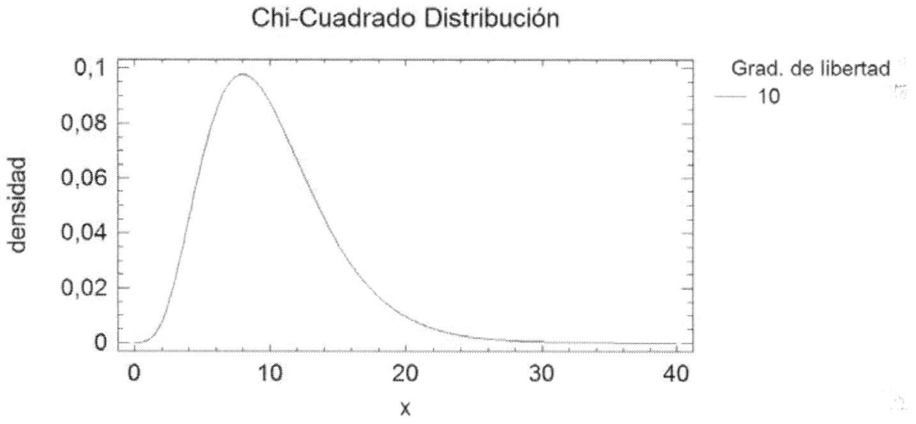

La **distribución *t* de Student** tiene forma de campana y posee una base más ancha que la de una distribución normal, con los datos más dispersos, pero al aumentar los grados de libertad tiende a la distribución normal.

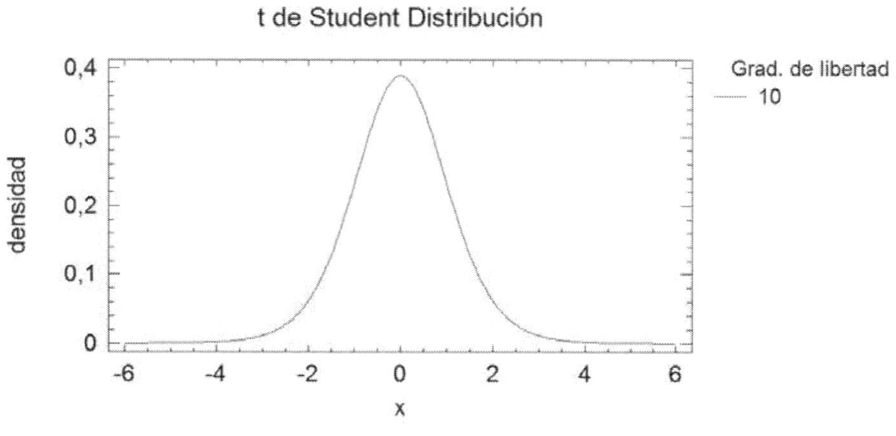

La distribución t se utiliza para hallar el intervalo de confianza de numerosos parámetros estadísticos, como se ha explicado en el tema anterior.

La **distribución *F* de Fisher** es la distribución de probabilidad de la razón de dos varianzas provenientes de dos poblaciones diferentes. Una variable F se define como el cociente entre dos variables χ^2 divididas por sus correspondientes grados de libertad.

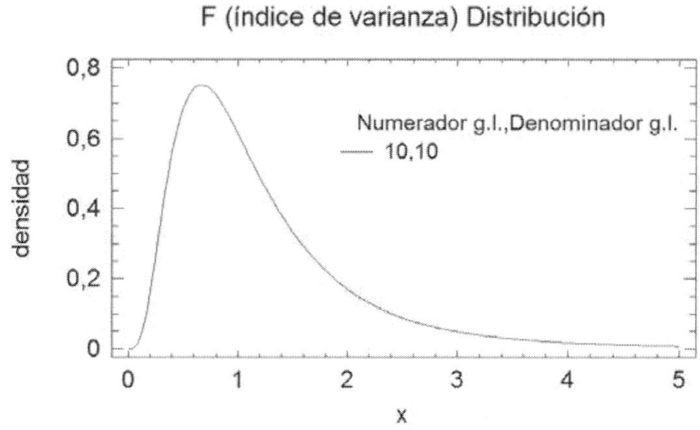

La distribución F de Fisher se utiliza principalmente para la comparación de las varianzas de dos conjuntos de datos y en el análisis de la varianza (ANOVA).

Homocedasticidad

Homocedasticidad, también llamada homogeneidad, se refiere a la propiedad de los conjuntos de datos que presentan varianzas similares.

Todas las pruebas de homocedasticidad contrastan la hipótesis nula de que la varianza de una variable es la misma en todos los grupos de datos.

Los tests que se utilizan para comprobar la homocedasticidad son: test de Bartlett, ensayo de Levene, test de Hartley y prueba de Cochran.

Test de Bartlett

Como es sabido, el test F de Fisher permite la comparación de las dispersiones de dos conjuntos de datos mediante la relación de sus varianzas. En el ANOVA se comparan diversas medias siempre que las dispersiones de los conjuntos de datos de los que proceden tengan varianzas semejantes.

El test de Bartlett permite comparar simultáneamente más de dos varianzas. Este test propone el cálculo del parámetro M definido como:

$$M = \sum_{i=1}^{k} (n_j - 1) \ln s^2 - \sum_{i=1}^{k} (n_j - 1) \ln s_i^2$$

Donde s_i^2 representa la varianza del conjunto de resultados i con n_j determinaciones y $n_j - 1$ grados de libertad, y

$$s^2 = \frac{\sum_{i=1}^{k} (n_j - 1) s_i^2}{\sum_{i=1}^{k} (n_j - 1)}$$

El valor de M_{cal} sigue una distribución χ^2 de Pearson, por lo que ese valor se compara con el valor de la distribución χ^2 para los grados de libertad correspondientes y el nivel de significación elegido (M_{tab}).

Si $M_{cal} < M_{tab}$ se acepta la hipótesis nula, por lo que no se ha encontrado diferencia estadísticamente significativa entre las varianzas de los diferentes conjuntos de datos.

Ensayo de Levene

El ensayo de Bartlett es muy sensible a la falta de normalidad de las series de datos, por lo que se tiende a rechazar demasiadas veces la hipótesis nula si alguna de las series se aleja de la normalidad. El ensayo de Levene es más robusto y potente, por lo que es recomendable en los casos en los que la variable no siga una distribución normal.

El que sea robusto nos indica la capacidad del ensayo para no detectar incorrectamente muestras heterogéneas por el simple hecho de que su distribución no sea normal.

El que sea potente da cuenta de la capacidad del ensayo para detectar muestras heterogéneas cuando las muestras son realmente heterogéneas.

En el ensayo de Levene se utilizan las medianas de las series $x_{m,j}$. Para cada serie se hallan los valores absolutos de los residuos de los datos respecto a su mediana:

$$w_{ij} = \left| x_{ij} - x_{m,j} \right|$$

A continuación se calculan las medias de estos residuos para cada serie, $\overline{w_j}$, así como la media global de los valores absolutos de todos los residuos, w. Finalmente se determina el estadístico W:

$$\overline{w}_j = \frac{\sum_{i=1}^{n_j} w_{ij}}{n_j}$$

$$W = \frac{(N-k)\sum_{j=1}^{h} n_j\left(\overline{w}_j - w\right)^2}{(k-1)\sum_{j=1}^{h}\sum_{i=1}^{N}\left(w_{ij} - \overline{w}_j\right)^2}$$

Donde N representa el número total de datos ($N = \Sigma\, n_j$) y k el número de series estudiadas.

La hipótesis nula se rechaza si $W > F$ para determinados grados de libertad, y para el nivel de significación deseado. El valor de F se buscará en la tabla F de Snedecor (página 92) según el nivel de significación deseado.

Test de Hartley

Este test se puede utilizar cuando las muestras tienen el mismo tamaño y está basado únicamente en comparar la mayor varianza muestral con la menor varianza muestral.

El estadístico de contraste del test es:

$$H = \frac{máx\{s_i^2\}}{mín\{s_i^2\}}$$

Los valores de H próximos a 1 indican que se puede aceptar que las varianzas de las muestras son iguales, mientras que un valor grande de H indicaría que las varianzas son distintas.

Prueba de Cochran

En la prueba de Cochran se calcula el cociente entre la mayor de las varianzas y la suma de todas las varianzas.

$$C = \frac{máx\{s_i^2\}}{\sum_i s_i^2}$$

La distribución del estadístico C se encuentra tabulada y la utiliza Statgraphics para llevar a cabo, a través del $p - valor\ P$, la prueba:

H_0: $s_1^2 = s_2^2 = \ldots = s_r^2$

H_a: no todas las s_i^2 son iguales.

Por tanto, la regla de decisión de la prueba de igualdad de varianzas a un nivel de significación α será:

Aceptar H_0 cuando $P \geq \alpha$

Aceptar H_a cuando $P < \alpha$

En muchas situaciones que se dan en la práctica, los contrastes de Cochran y Hartley conducen a las mismas decisiones; pero, como la prueba de Cochran utiliza más información, es generalmente algo más sensible que el test de Hartley.

En el apartado correspondiente a "Utilización del programa Statgraphics" se explica cómo dicho programa proporciona los cuatro contrastes de varianza.

Comparación de medias

En muchos casos es necesario comparar los valores de las medias aritméticas de dos conjuntos de datos. Por ejemplo, cuando no hay materiales de referencia para la evaluación de un determinado método, éste se ha de validar por comparación con los resultados obtenidos mediante un método estándar, o si se quieren comparar los resultados obtenidos por dos laboratorios diferentes.

El ensayo se realiza de forma diferente si las varianzas de los dos métodos son del mismo orden o no:

1) Varianzas del mismo orden de magnitud. Se define una varianza conjunta de los dos conjuntos de datos, como:

$$s^2 = \frac{(n_1 - 1)s_1^2 + (n_2 - 1)s_2^2}{(n_1 - 1) + (n_2 - 1)}$$

El valor *t* de Student viene dado por la siguiente ecuación:

$$t_{calc} = \frac{\overline{x_1} - \overline{x_2}}{\left[s^2\left(\frac{1}{n_1} + \frac{1}{n_2}\right)\right]^{\frac{1}{2}}}$$

Se compara el valor absoluto del *t* calculado con el valor de *t* tabulado para el nivel de significación elegido y $(n_1 + n_2 - 2)$ grados de libertad. Si $|t_{calc}| < t_{tab}$ no existen diferencias estadísticamente significativas entre las medias aritméticas obtenidas con los dos métodos para ese nivel de significación.

2) Varianzas de diferente orden de magnitud. En este caso se calcula directamente la t de Student, mediante la ecuación siguiente:

$$t_{calc} = \frac{\overline{x_1} - \overline{x_2}}{\left(\frac{s_1^2}{n_1} + \frac{s_2^2}{n_2}\right)^{\frac{1}{2}}}$$

Sin embargo, en este caso se necesita calcular el número de grados de libertad, para ello se aplica la siguiente ecuación:

$$n^{o}\ grados\ libertad = \frac{\left(\frac{s_1^2}{n_1} + \frac{s_2^2}{n_2}\right)^2}{\frac{\left(\frac{s_1^2}{n_1}\right)^2}{n_1+1} + \frac{\left(\frac{s_2^2}{n_2}\right)^2}{n_2+1}} - 2$$

El número de grados de libertad será el número entero más próximo al resultado obtenido. Si $|t_{calc}| < t_{tab}$ no existen diferencias estadísticamente significativas entre las medias aritméticas obtenidas con los dos métodos para ese nivel de significación y los grados de libertad calculados.

En el apartado correspondiente a "Utilización del programa Statgraphics" se explica cómo dicho programa permite efectuar estas comparaciones de forma rápida y sencilla.

Comparación con un valor de referencia

Si se quiere comparar una serie de datos obtenidos en un laboratorio con un valor de referencia, μ, libre de incertidumbre, se establece la hipótesis nula de que la media aritmética de los valores de la serie y el valor de referencia son iguales: H_0: $\overline{x} = \mu$.

El estadístico t que se calcula viene dado por la expresión:

$$t_{calc} = \frac{(\overline{x} - \mu)\sqrt{n}}{s}$$

Donde n es el número de datos y s la desviación estándar.

Se compara el valor absoluto de t calculado con el valor de t tabulado para el nivel de significación elegido y $(n - 1)$ grados de libertad. Si $|t_{calc}| < t_{tab}$ se acepta la hipótesis nula, por lo que no existen diferencias estadísticamente significativas entre la media aritmética de los datos obtenidos y el valor de referencia para ese nivel de significación.

Comparación de datos apareados

Los analistas suelen usar pares de medidas de una misma muestra para reducir posibles errores. Por ejemplo, en la comparación de los resultados de dos métodos diferentes en la determinación de ibuprofeno en sobres: para ello se analiza el contenido de ibuprofeno en 20 sobres de 20 lotes diferentes. Las diferencias entre los sobres y entre los métodos son fuente de variación entre las medidas. Lo que interesa saber es si los métodos producen resultados significativamente diferentes. La dificultad de que se confundan los dos efectos se reduce observando la diferencia entre cada par de resultados dados por los dos métodos, *d*.

En esta prueba se calcula la desviación estándar de la diferencia entre las medidas, s_d. El valor de la variable estadística de prueba es:

$$t = \frac{\bar{d} - \Delta_0}{s_d / \sqrt{n}}$$

Donde $\bar{d} = \sum d_i/n$ es la diferencia promedio y n es el número de muestras considerado.

La hipótesis nula es H_0: $\mu_d = \Delta_0$, donde Δ_0 es un valor específico de la diferencia que se intenta probar, frecuentemente cero, por lo que la ecuación de t, será:

$$t = \frac{\bar{d}\sqrt{n}}{s_d}$$

La hipótesis alternativa podría ser: H_a: $\mu_d \neq \Delta_0$, $\mu_d > \Delta_0$, o $\mu_d < \Delta_0$.

En el apartado "Utilización del programa Statgraphics" se explica cómo efectuar la comparación de datos apareados de forma rápida y sencilla.

Análisis de la varianza (ANOVA)

El test t de Student se aplica para comparar dos valores o dos series de valores apareados, pero si hay más de dos valores medios que se quieren comparar se emplea otra prueba denominada análisis de la varianza (ANOVA).

Para utilizar el ANOVA de forma satisfactoria deben cumplirse tres tipos de hipótesis, aunque se aceptan ligeras desviaciones de las condiciones ideales:

- Cada conjunto de datos debe ser independiente del resto.
- Los resultados obtenidos para cada conjunto deben seguir una distribución normal.
- Las varianzas de cada conjunto de datos no deben diferir de forma significativa.

Por ejemplo, si se comparan los resultados de varias series de datos del mismo estudio obtenidos en diversos laboratorios, resultaría un cuadro como el siguiente:

Fuente	Suma de cuadrados	Grados de libertad	Varianza	F_{cal}
Entre laboratorios	$SS_{lab}=\sum_{k=1}^{K} n_k\left(\bar{x}_k-\bar{\bar{x}}\right)^2$	$K-1$	$MS_{lab}=\frac{SS_{lab}}{K-1}$	
Dentro de los laboratorios	$SS_R=\sum_{k=1}^{K}\sum_{j=1}^{n_k}\left(x_{kj}-\bar{x}_k\right)^2$	$N-K$	$MS_R=\frac{SS_R}{N-K}$	$F=\frac{MS_{lab}}{MS_R}$
Total	$SS_T=\sum_{k=1}^{K}\sum_{j=1}^{n_k}\left(x_{kj}-\bar{\bar{x}}\right)^2$	$N-1$	$MS_T=\frac{SS_T}{N-1}$	

$\bar{x}_k$: media aritmética de cada laboratorio

x_{kj}: resultados individuales de cada laboratorio

k: nº de laboratorio

K: número de laboratorios

N: número total de medidas o réplicas realizadas en todos los laboratorios

$\bar{\bar{x}}$: media aritmética de todos los resultados

SS_R: desviaciones entre los resultados individuales de cada laboratorio (x_{kj}) y la media del laboratorio ($\bar{x}_k$)

SS_{lab}: desviaciones entre los resultados medios de los laboratorios y el resultado medio global

SS_T: suma de los cuadrados total

$$SS_T = SS_R + SS_{lab}$$

Se calculan MS_{lab} y MS_R como medida de las dispersiones y se comparan mediante una prueba de hipótesis F. Si no existe diferencia estadísticamente significativa entre ellas, la presencia de errores aleatorios será la causa predominante de la discrepancia entre los valores medios. Si, por el contrario, existe un error sistemático, MS_{lab} será mucho mayor que MS_R, con lo cual el valor calculado de F será mayor que el valor tabulado, F_{tab}, para el nivel de significación escogido y los grados de libertad correspondientes.

Si $F_{cal} > F_{tab}$ quiere decir que al menos uno de los laboratorios ha producido resultados cuya media difiere de forma estadísticamente significativa del resto de laboratorios. El ANOVA no indica cuántos laboratorios difieren ni cuáles son. Una inspección visual puede darnos alguna pista, pero si se quieren criterios más sólidos habrá que recurrir a otras pruebas estadísticas.

Un ensayo muy sencillo para estudiar qué laboratorios difieren es el de la **"diferencia significativa menor" (DSM)**. En éste, las medias se ordenan de menor a mayor, y se calculan las diferencias que las separan. Además, se calcula la *DSM* como:

$$DSM = t\sqrt{\frac{2\,MS_R}{n}}$$

donde t se lee en la tabla t de Student de dos lados para $K\cdot(n-1)$ grados de libertad y n es el número de medidas o réplicas de cada serie, suponiendo que tienen el mismo tamaño.

El programa StatGraphics a la DSM le llama LSD (menores diferencias significativas de Fisher).

Los ejercicios relativos a este método son los 4.10, 4.13 y 4.14.

Utilización del programa Statgraphics

Estudio preliminar de la independencia de datos

1) Introducir en una hoja de cálculo los datos o valores correspondientes.

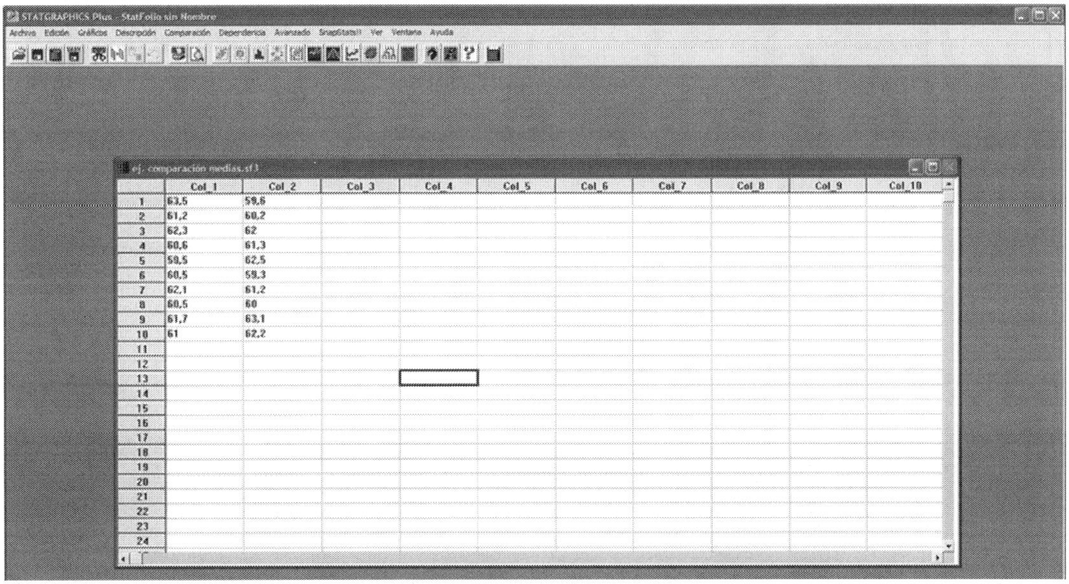

2) Para comprobar la independencia se selecciona el icono “descripción” de la barra de herramientas, “datos cualitativos” y “tabulación cruzada”.

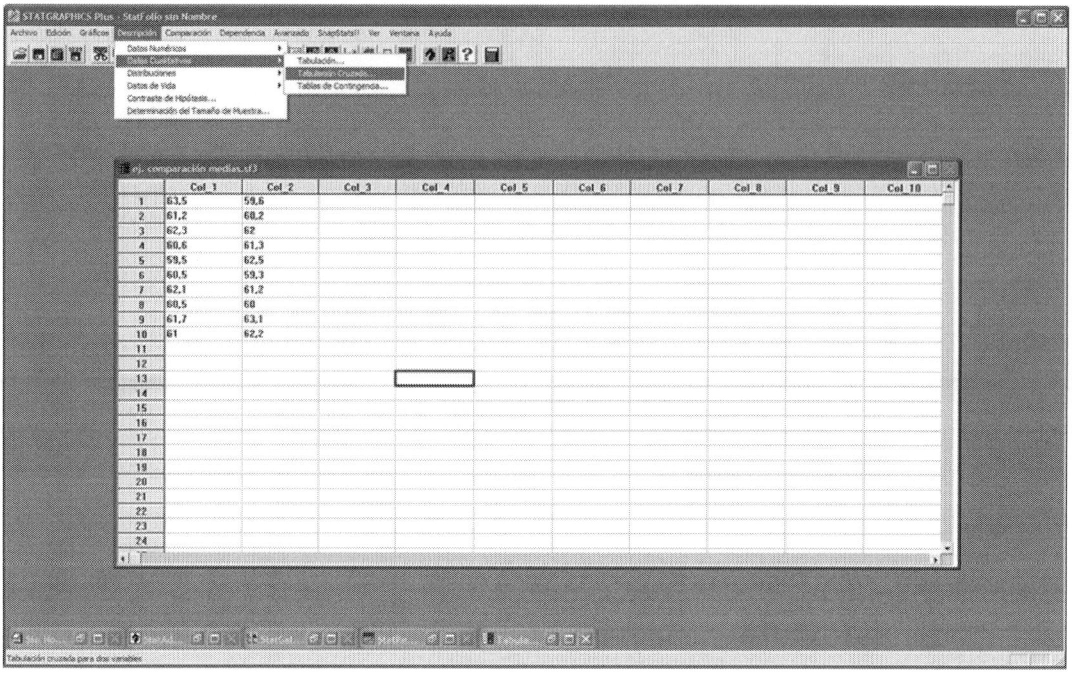

3) Aparece la siguiente ventana “tabulación cruzada – entrada de datos”:

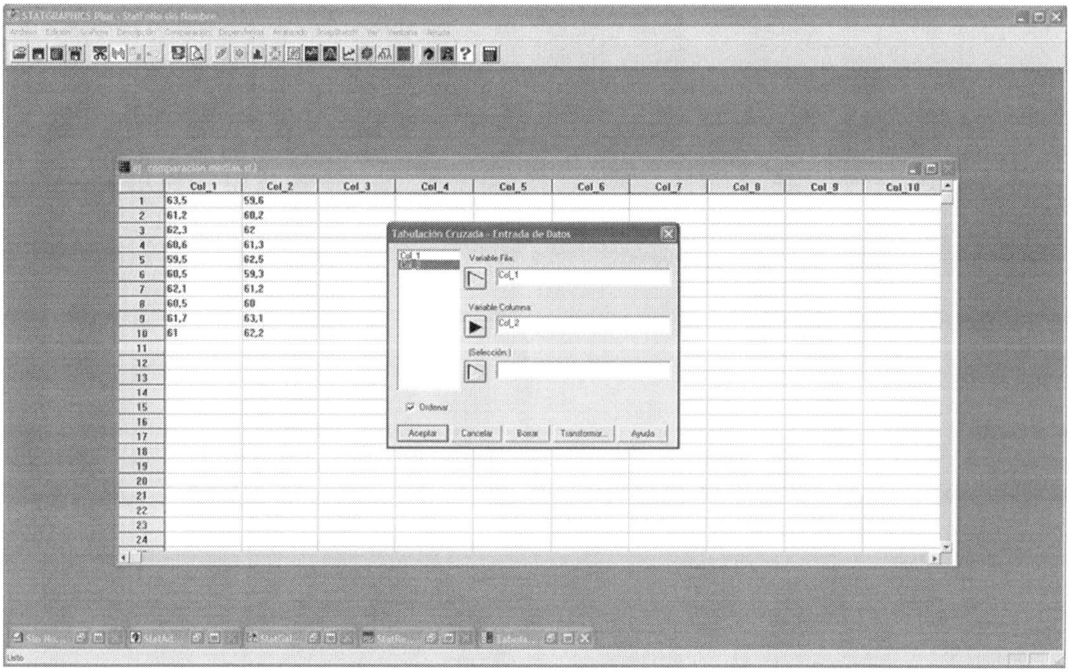

Se introduce una serie de datos como variable fila y la otra serie como variable columna y se clica en "aceptar".

4) Se va al icono "opciones tabulares" de la barra de herramientas y se elige "contraste de chi – cuadrado" y "aceptar".

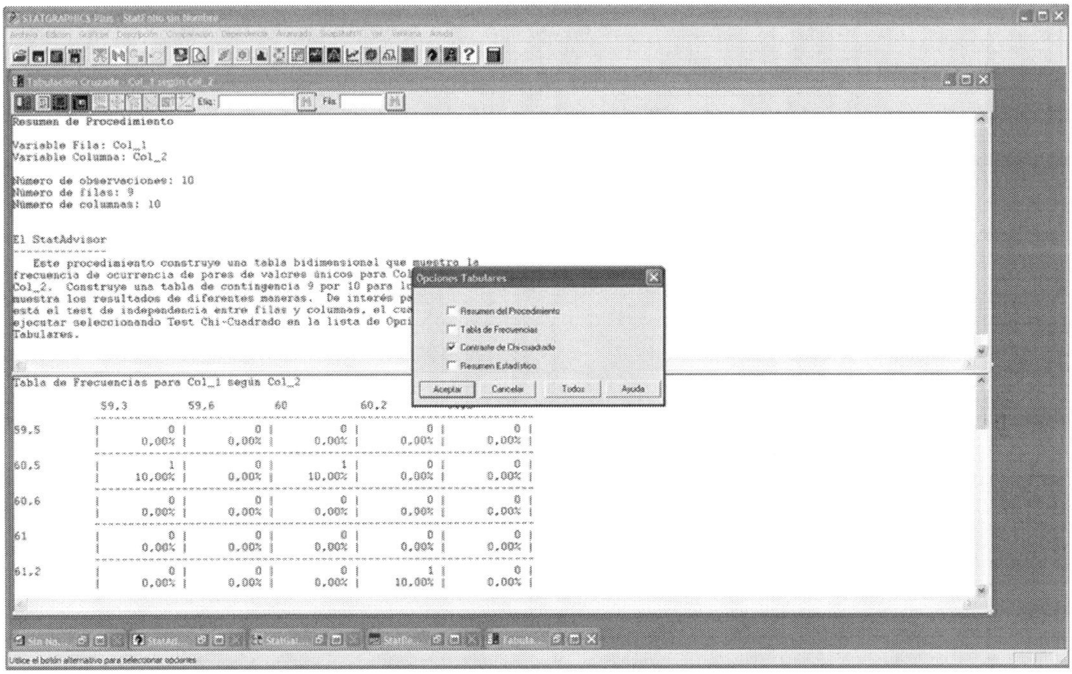

5) Se obtiene la siguiente pantalla:

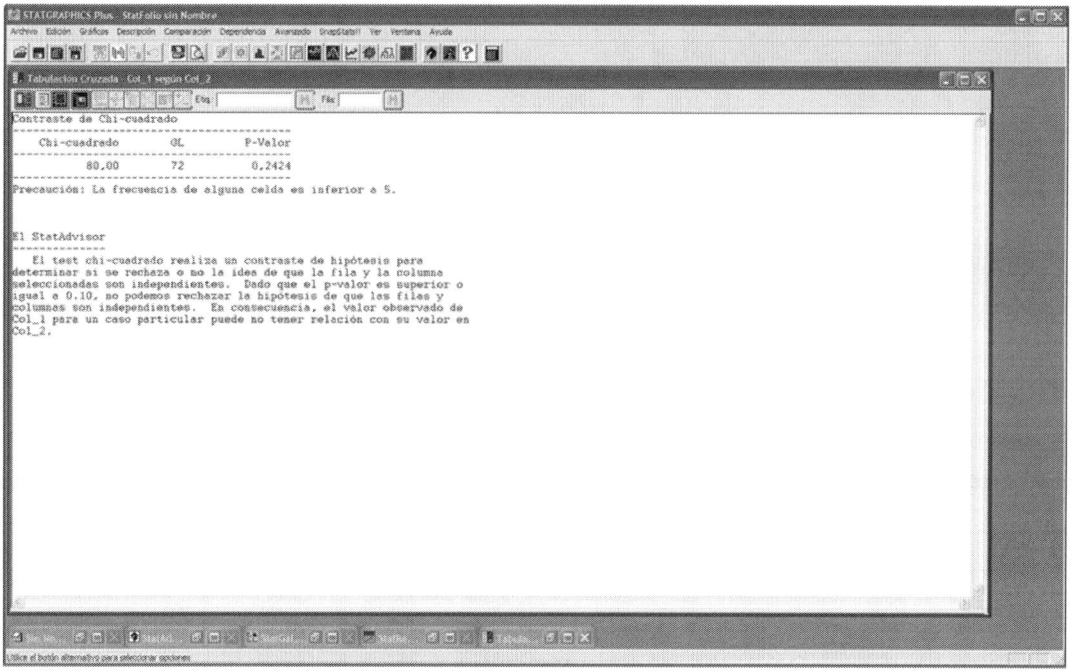

El ejercicio relativo a este método es el 4.11.

`Estudio de la normalidad`

1) Introducir en una hoja de cálculo los datos o valores correspondientes.

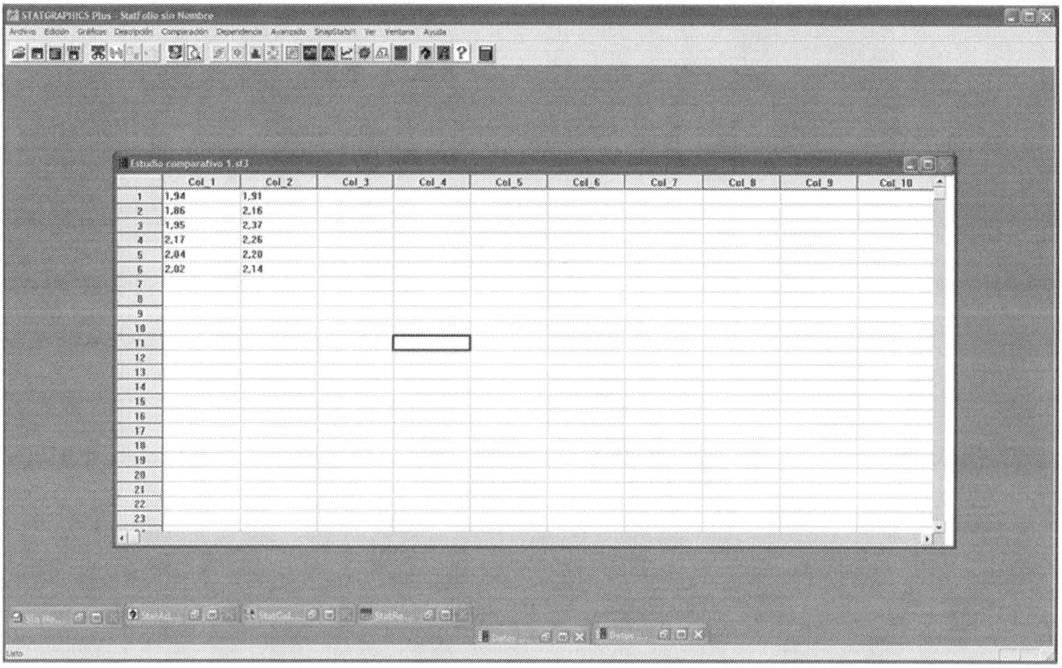

2) Para comprobar que se trata de una distribución normal se busca en la barra de herramientas el icono StatWizard, marcando "seleccionar de la lista" y "comprobar datos para normalidad", y por último, "aceptar".

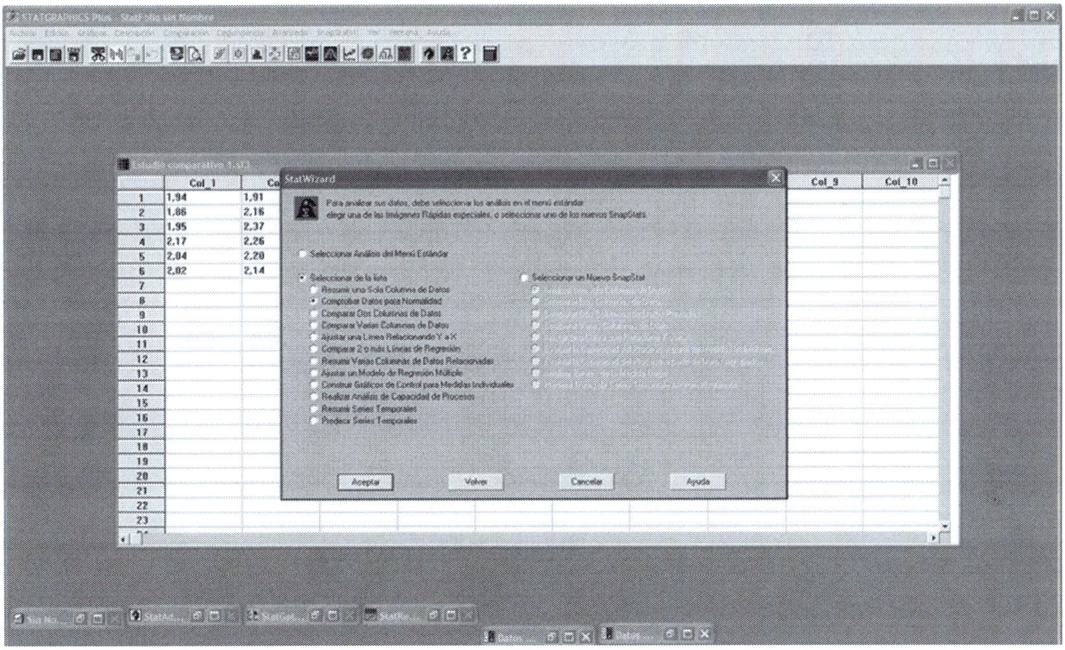

Una vez que se pulse aceptar, aparece una pantalla para escoger la columna de datos deseada.

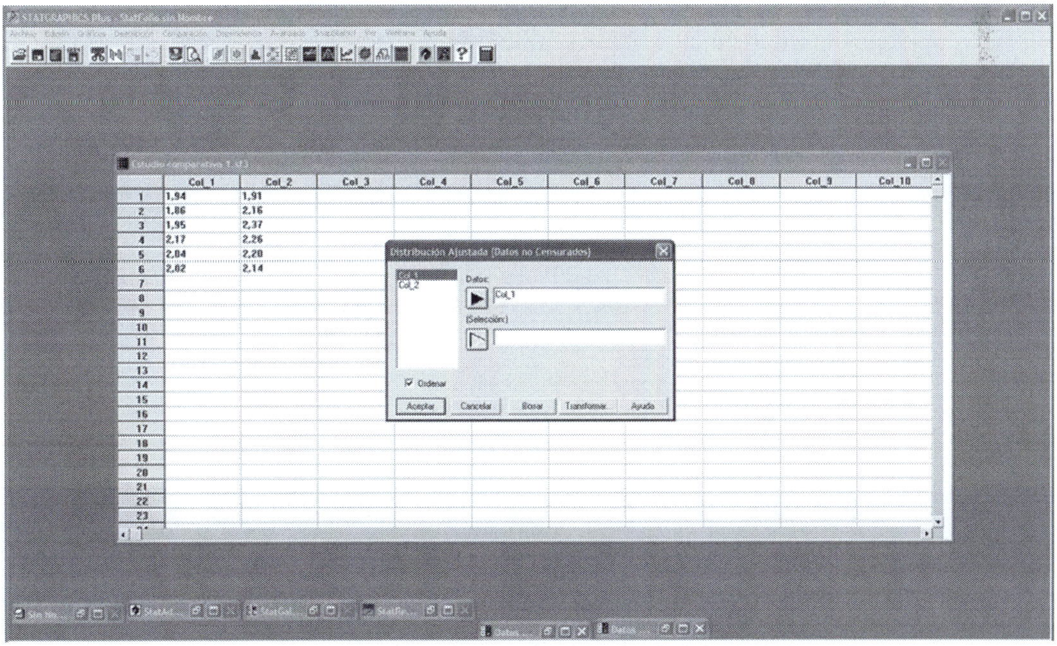

Eligiendo una de las columnas y pulsando "aceptar" aparecen los resultados siguientes; se comprueba si los datos se ajustan a una distribución normal o de Gauss.

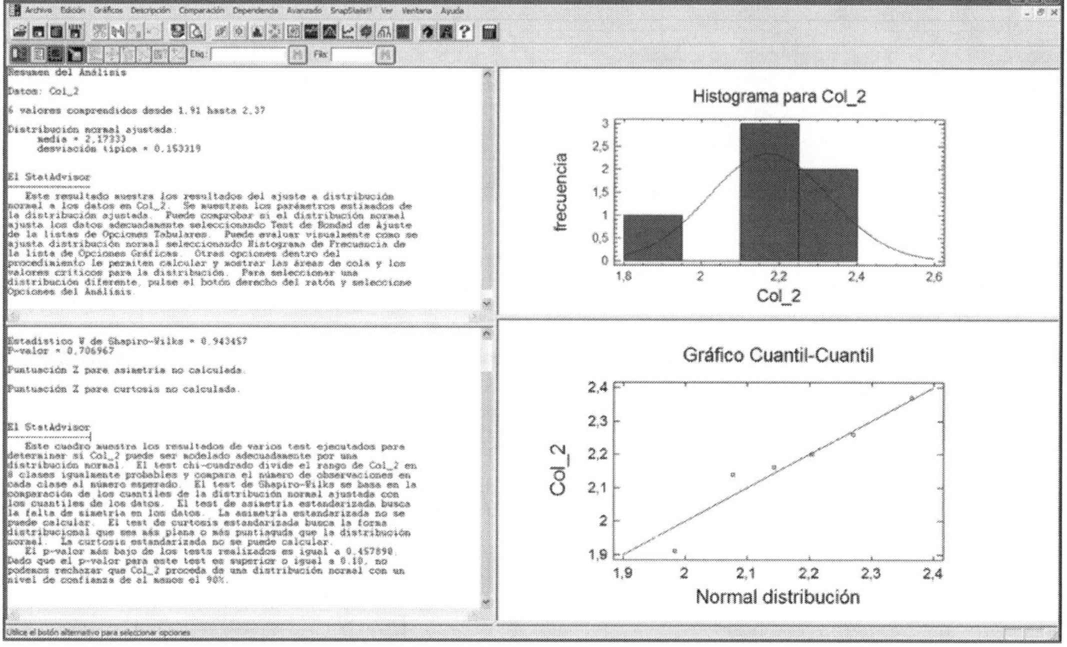

Como se observa en la pantalla también aparecen el histograma de frecuencias y el diagrama de cuantiles.

3) Para obtener el contraste de Kolmogorov–Smirnov se pincha en el icono "opciones tabulares" de la barra de herramientas y se elige "tests de bondad de ajuste" y "aceptar", apareciendo la siguiente ventana:

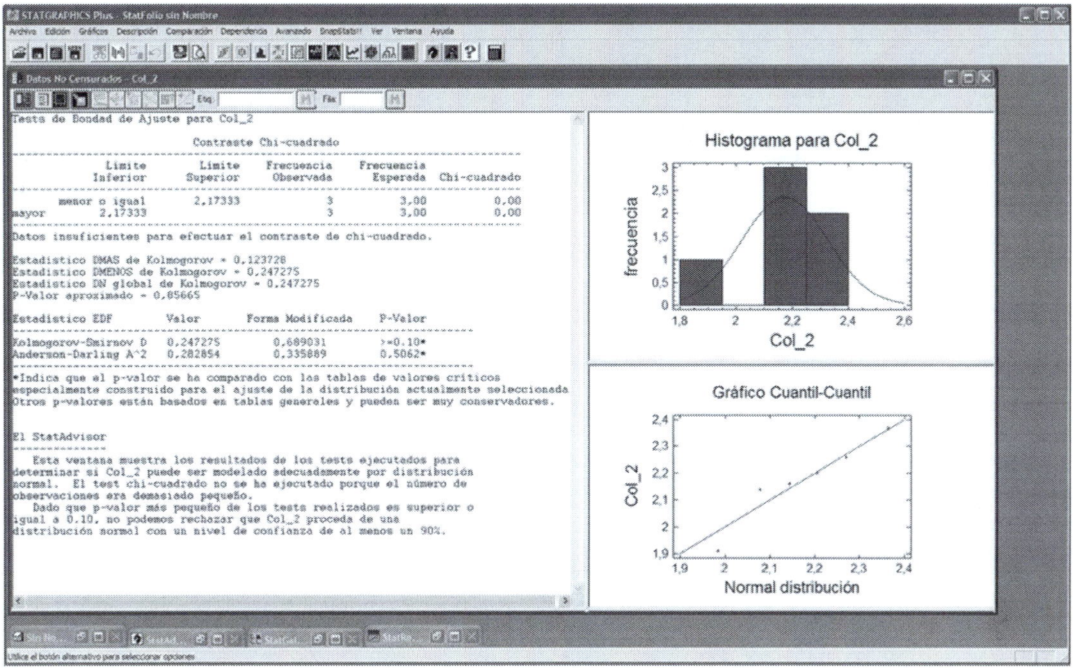

Los ejercicios relativos a este método son los numerados 4.11 y 4.12.

Estudio de la homocedasticidad

1) Se introducen los datos en la hoja de cálculo.

2) Se selecciona el icono "StatWizard", a continuación "seleccionar de la lista", "comparar varias columnas de datos" y "aceptar".

3) Se clica "columna de datos múltiples" y "aceptar".

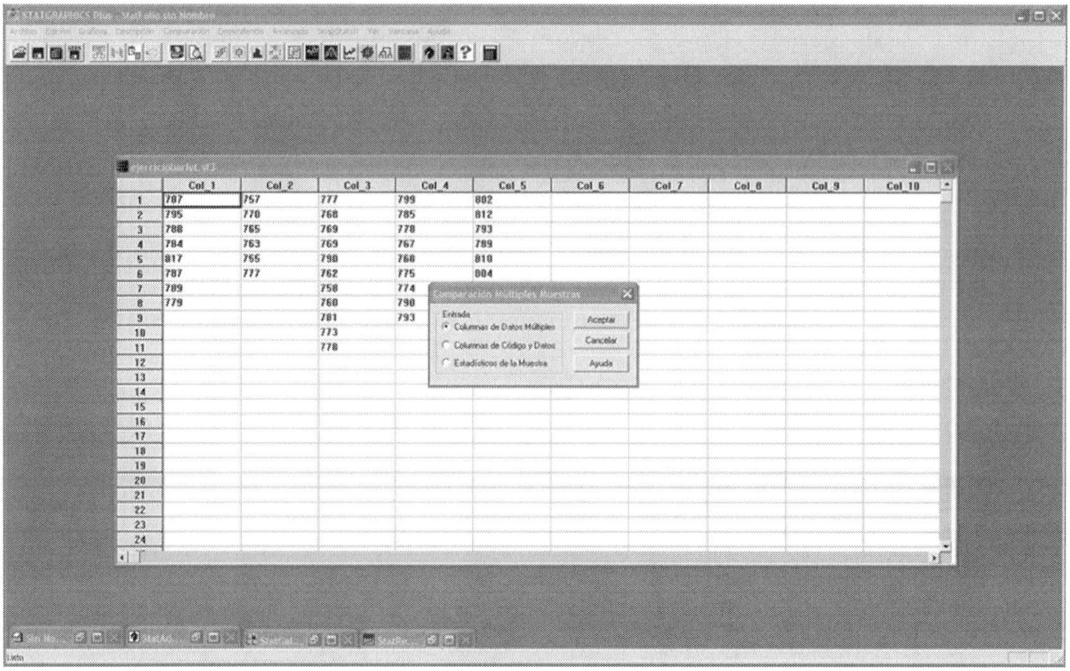

4) Después marcar cada una de las columnas y pinchar “muestras”, y cuando estén todas, “aceptar”.

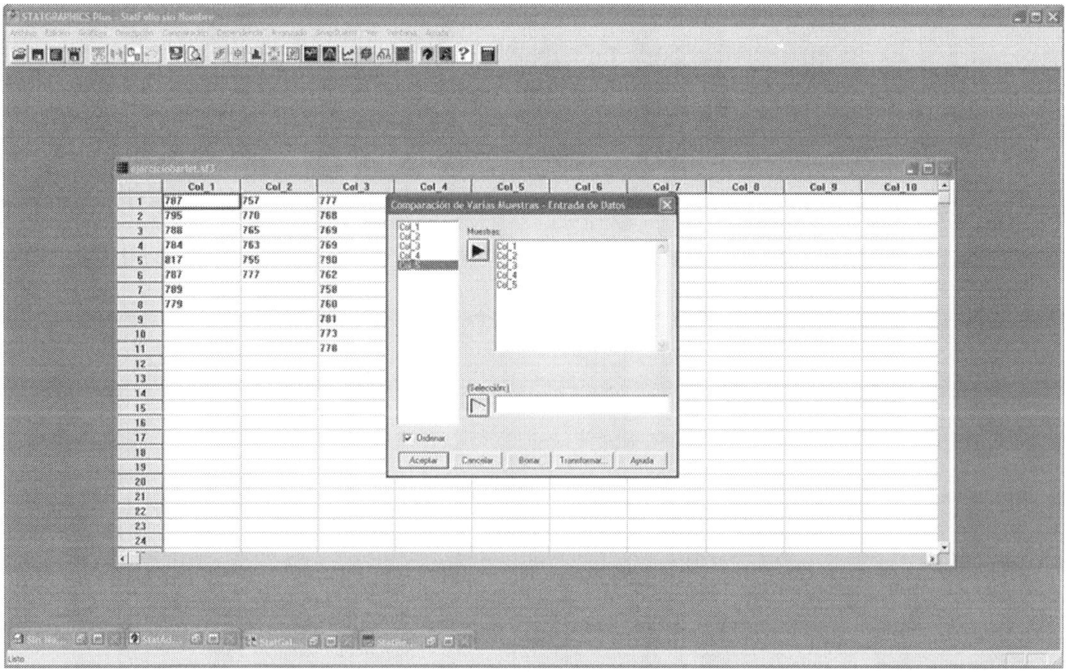

5) Eligiendo en el icono “opciones tabulares”, “contraste de varianza” y “aceptar”.

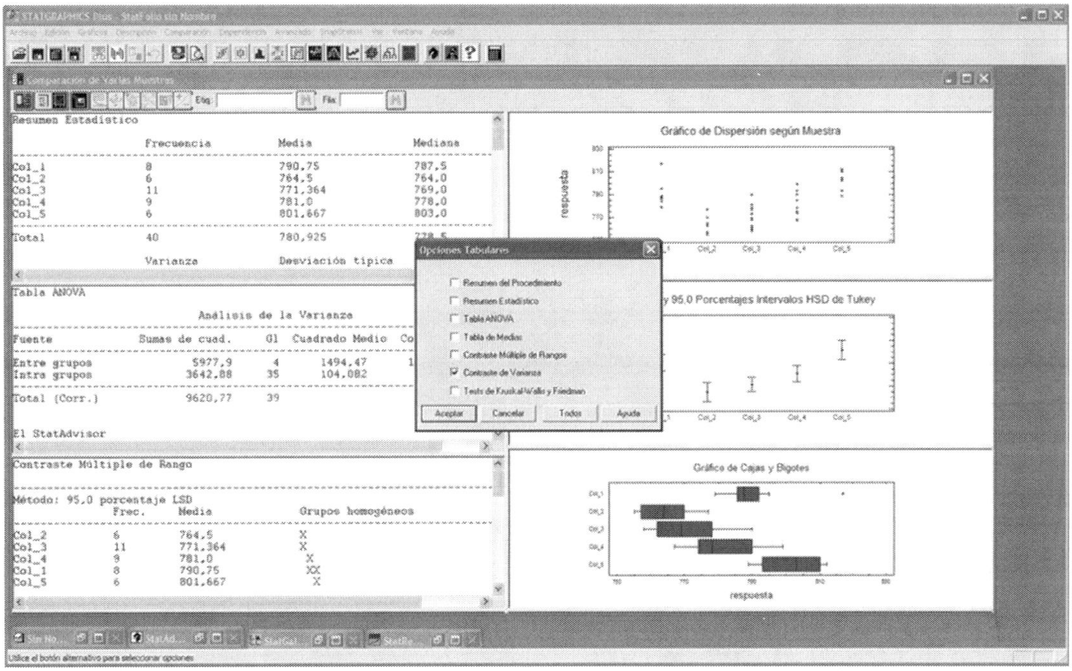

6) Se obtienen los siguientes resultados para un problema con las series de datos obtenidos en 5 laboratorios que analizaron muestras del mismo material con el mismo método:

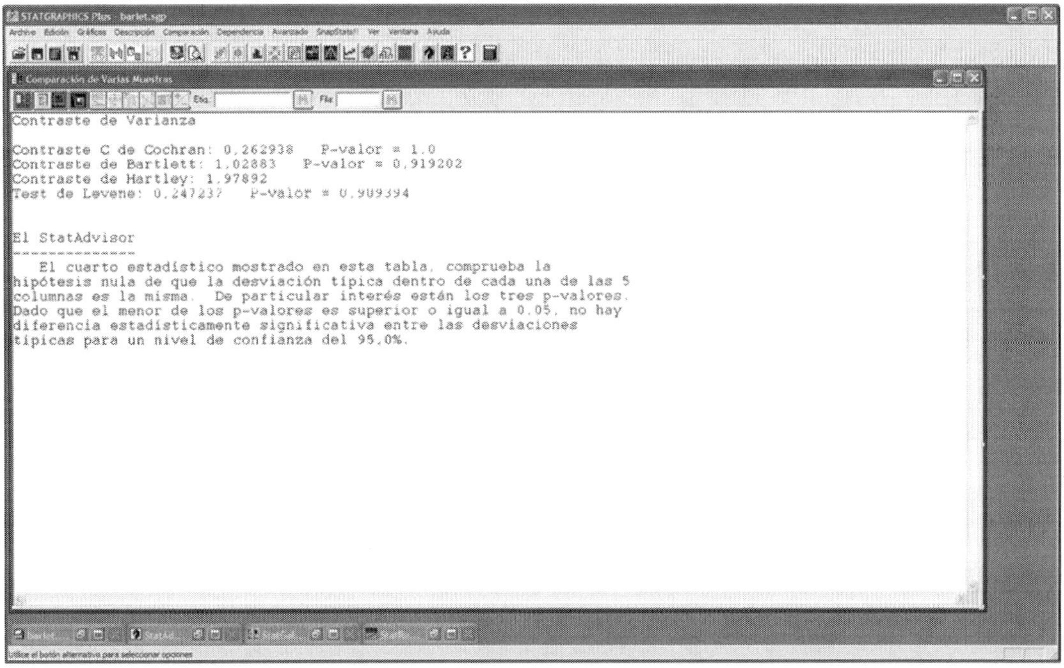

Los ejercicios relativos a este método son los numerados 4.1 y 4.12.

Comparación de medias

1) Se introducen los datos en dos columnas de la hoja de cálculo.

2) Se realiza el cálculo estadístico para cada una de las columnas, para ello se selecciona el icono StatWizard, marcando "seleccionar de la lista", "comparar dos columnas de datos" y por último, "aceptar".

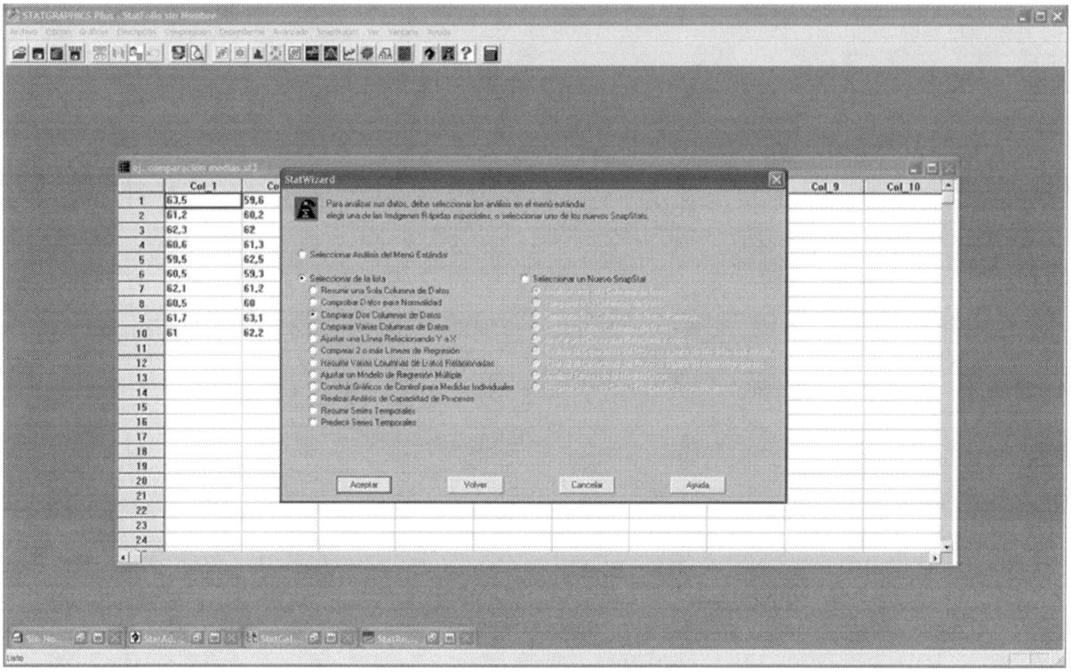

En la siguiente pantalla se seleccionan cada una de las columnas marcando "muestra 1" y "muestra 2", respectivamente, y "aceptar".

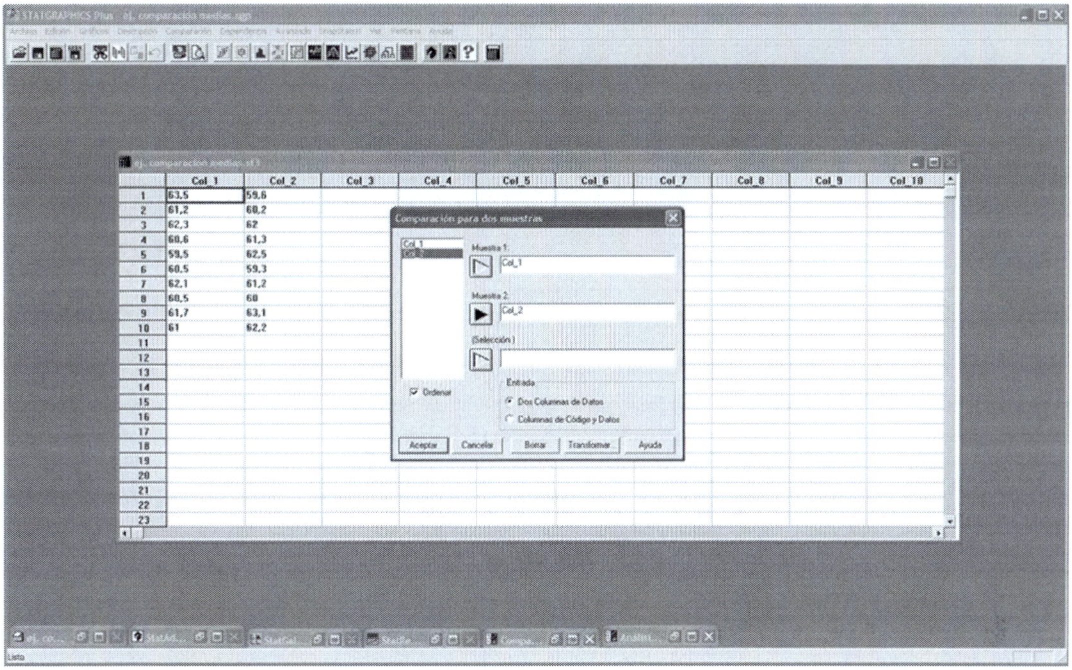

Se obtienen todos los datos estadísticos necesarios para la comparación:

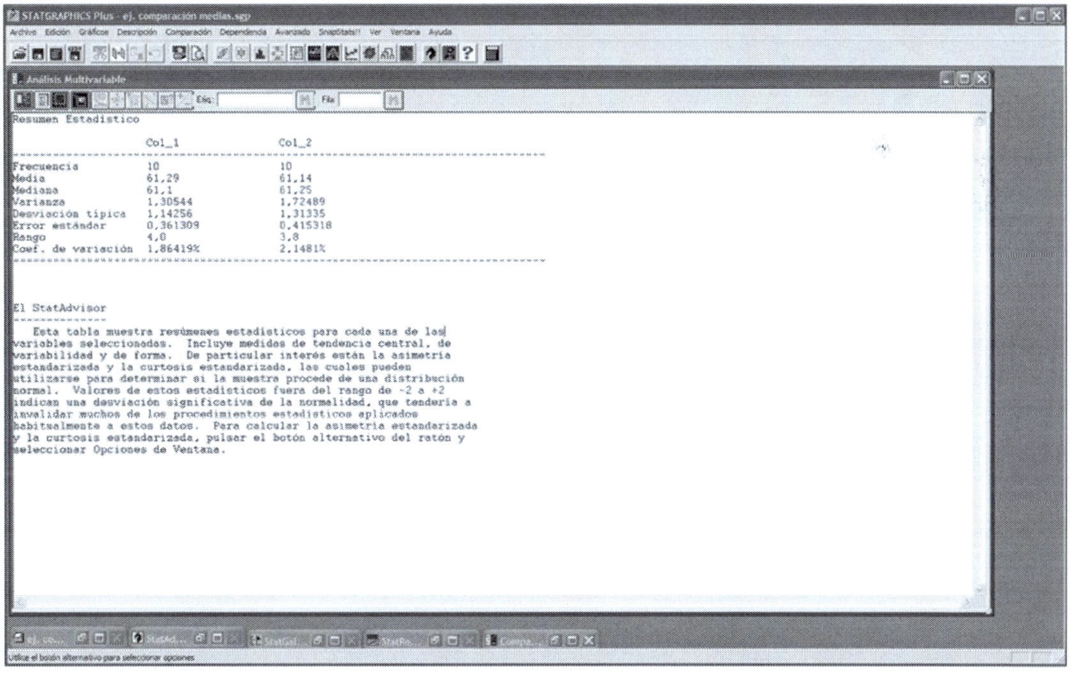

3) A continuación se elige en el icono "opciones tabulares", "comparación de medias" y "aceptar". Se obtienen los siguientes resultados para este ejemplo concreto:

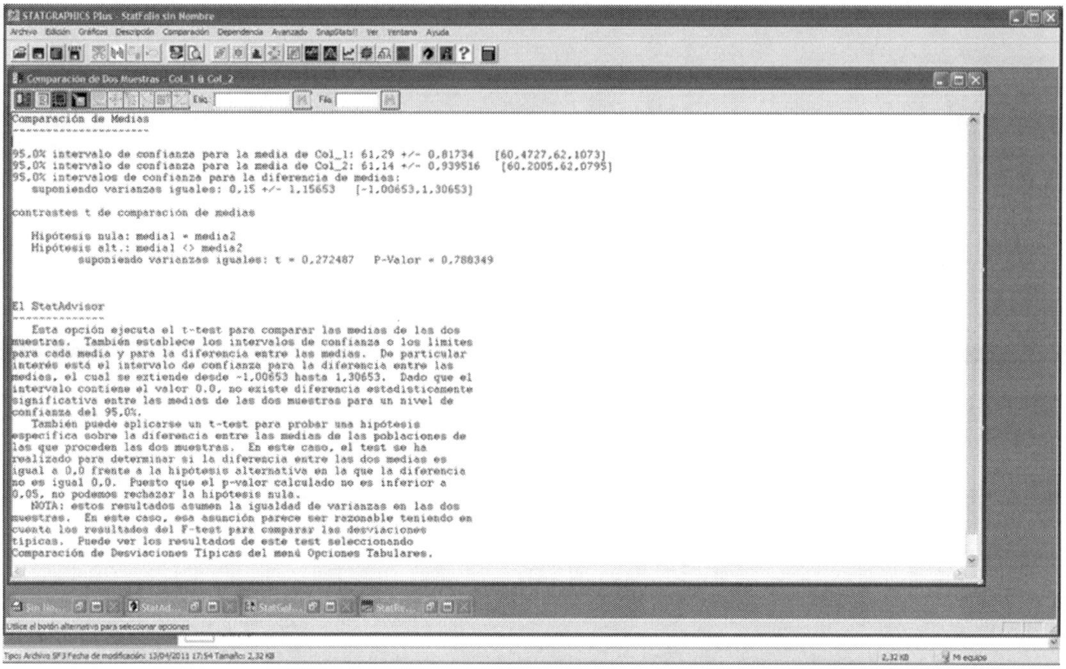

Los ejercicios relativos a este método son los numerados 4.5, 4.6 y 4.7.

Comparación con un valor de referencia

1) Se introducen los datos en la hoja de cálculo.

2) Se realiza el cálculo estadístico de los datos, para ello se selecciona el icono "descripción", "datos numéricos", "análisis unidimensional" y aparece la siguiente pantalla:

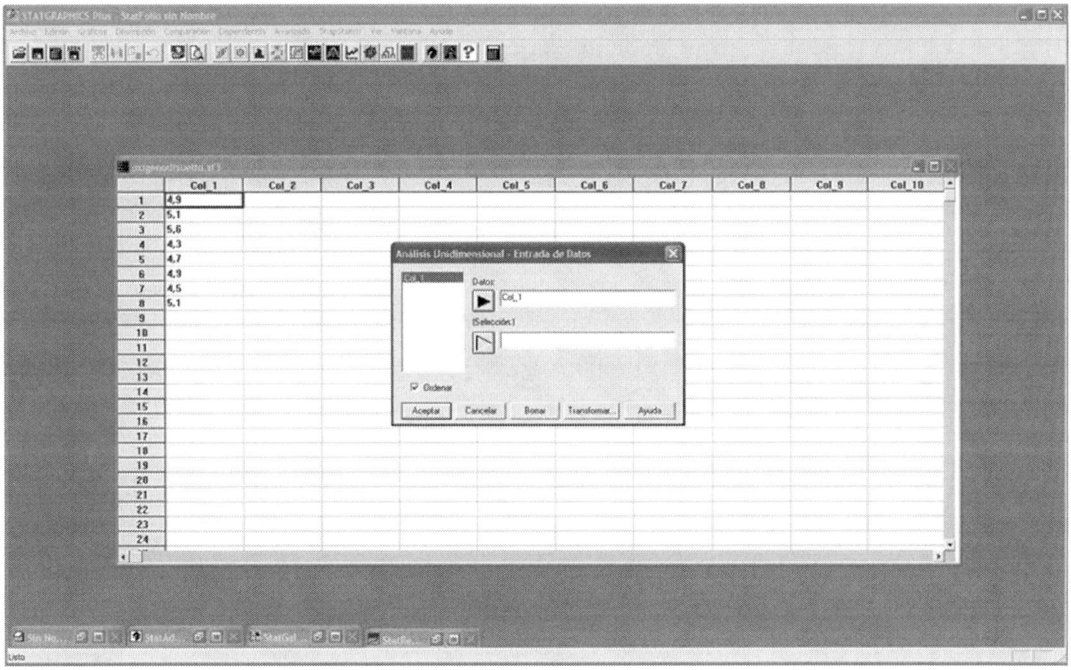

Se marca la columna para que aparezca en "datos" y se vuelve a marcar "aceptar"; se obtienen todos los valores estadísticos necesarios para la comparación.

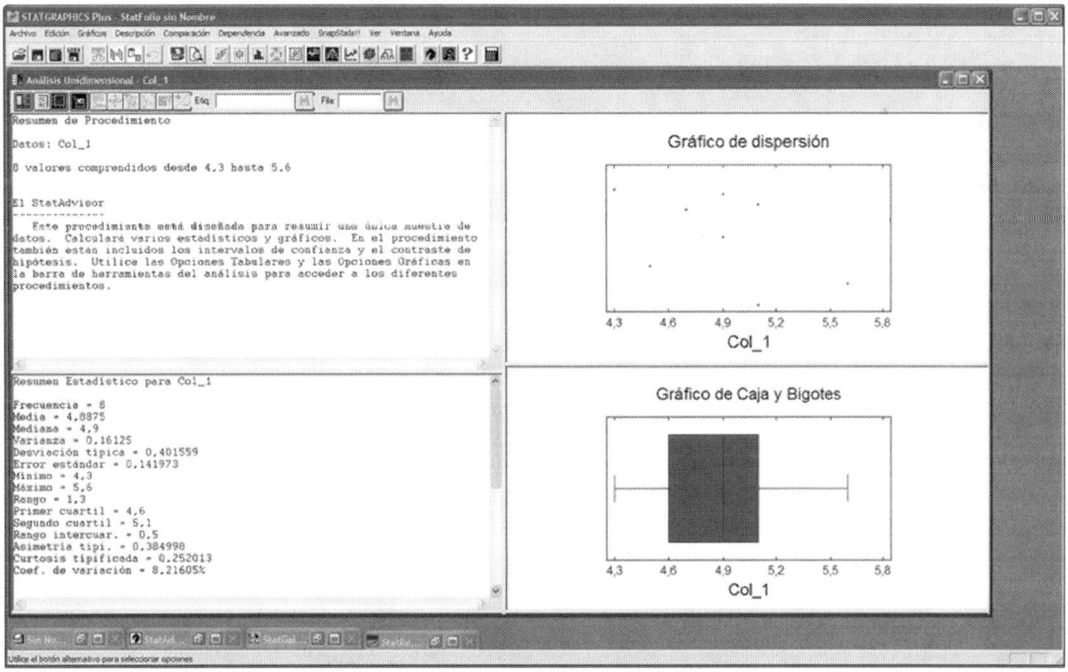

3) Se selecciona el icono “descripción”, “contraste de hipótesis”, a continuación se sustituyen los valores necesarios obtenidos previamente en el cálculo estadístico y “aceptar”.

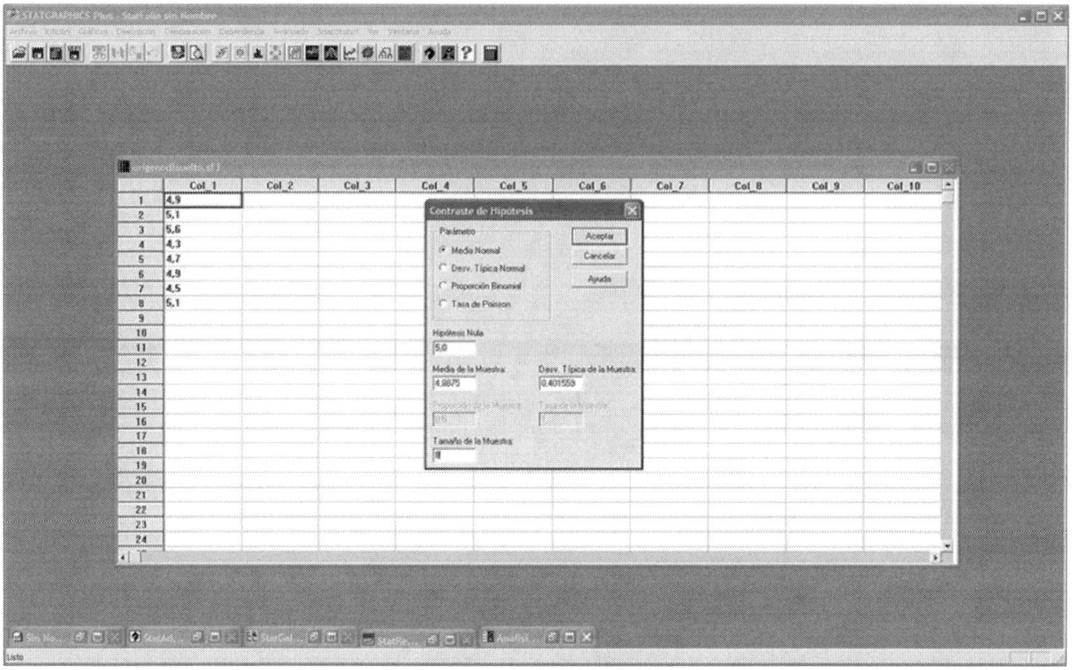

4) Se obtiene la pantalla con la comparación:

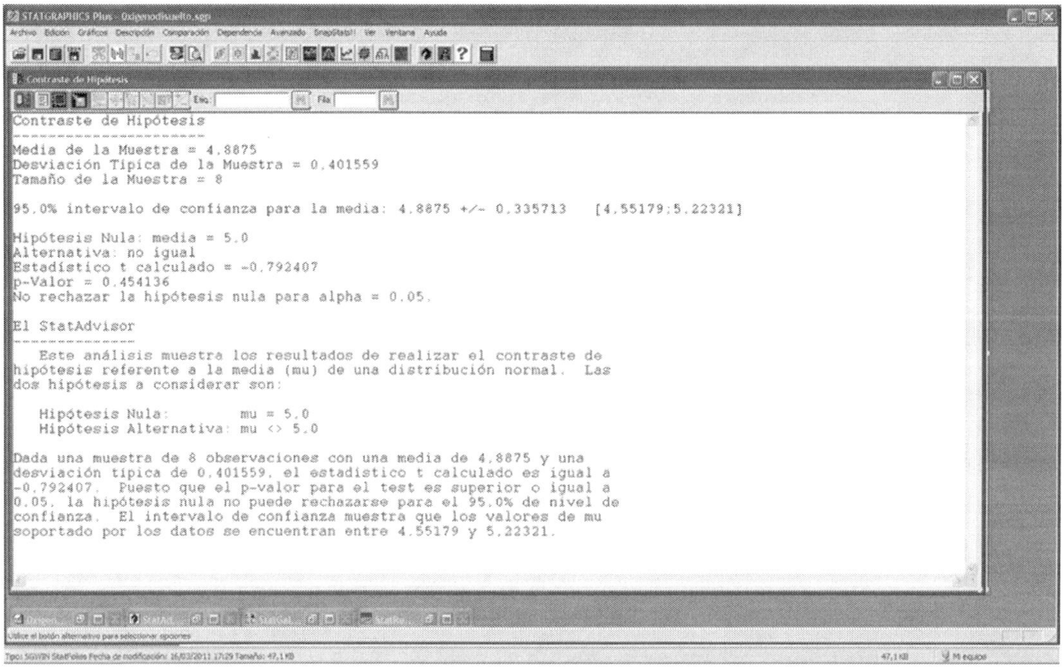

Los ejercicios relativos a este método son los numerados 4.2, 4.3, 4.4 y 4.17.

Comparación de datos apareados

1) Se introducen los datos en dos columnas de la hoja de cálculo.

2) Se selecciona de la barra de herramientas el icono "comparación", "dos muestras" y "comparación de muestras pareadas".

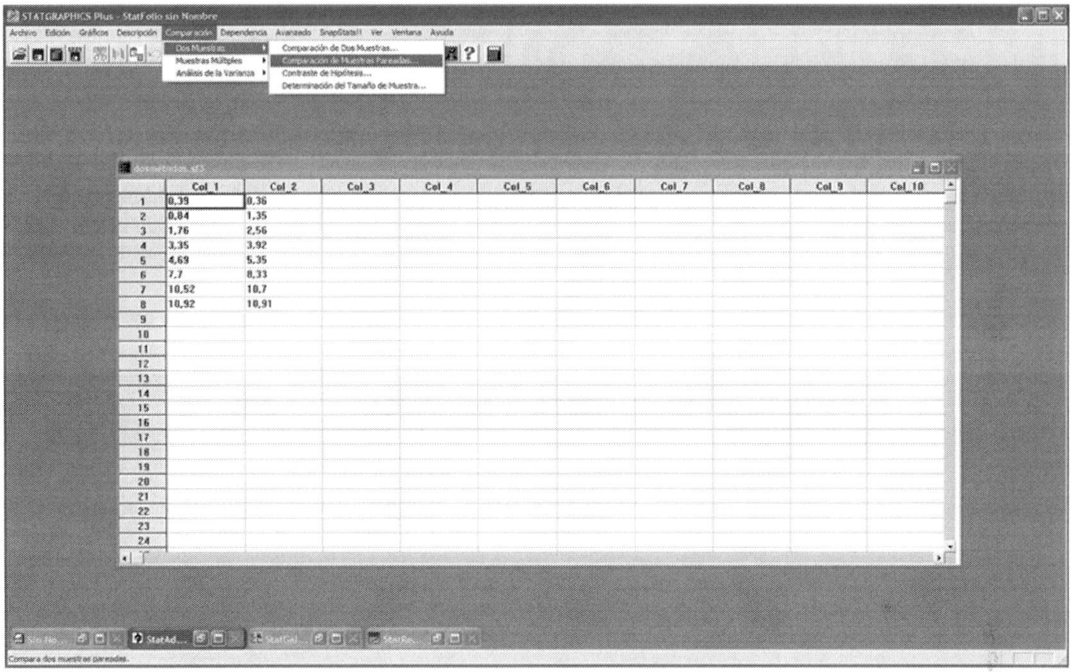

Aparece la siguiente pantalla:

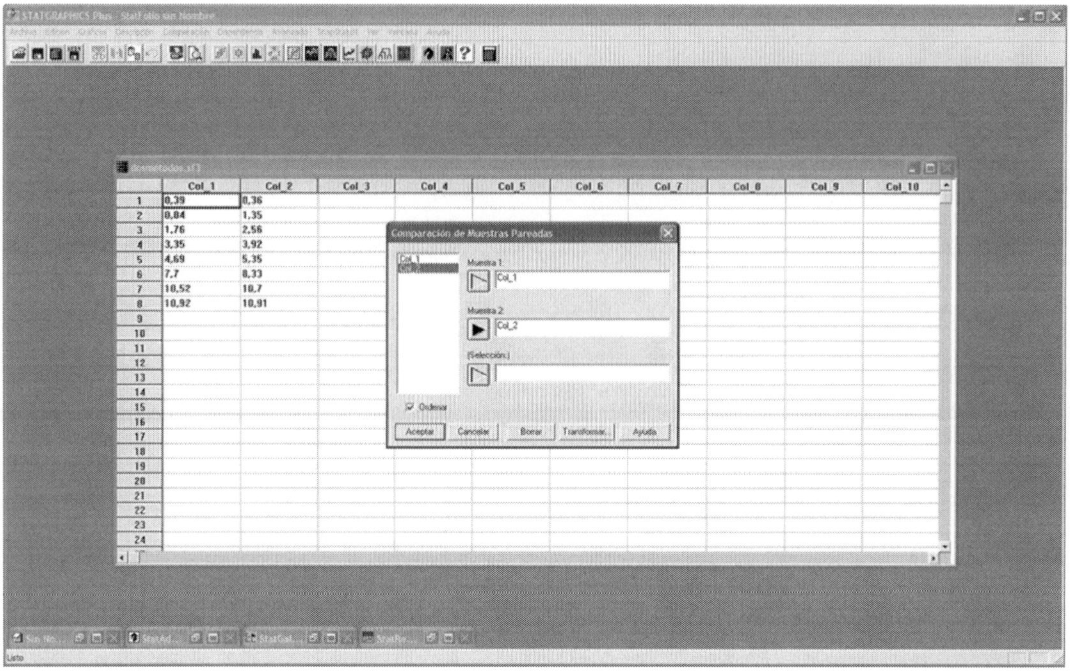

3) Se eligen cada una de las columnas de datos para las dos series de muestras y se clica en "aceptar".

4) En el icono "opciones tabulares" se elige "contraste de hipótesis" y "aceptar". Aparece la siguiente pantalla:

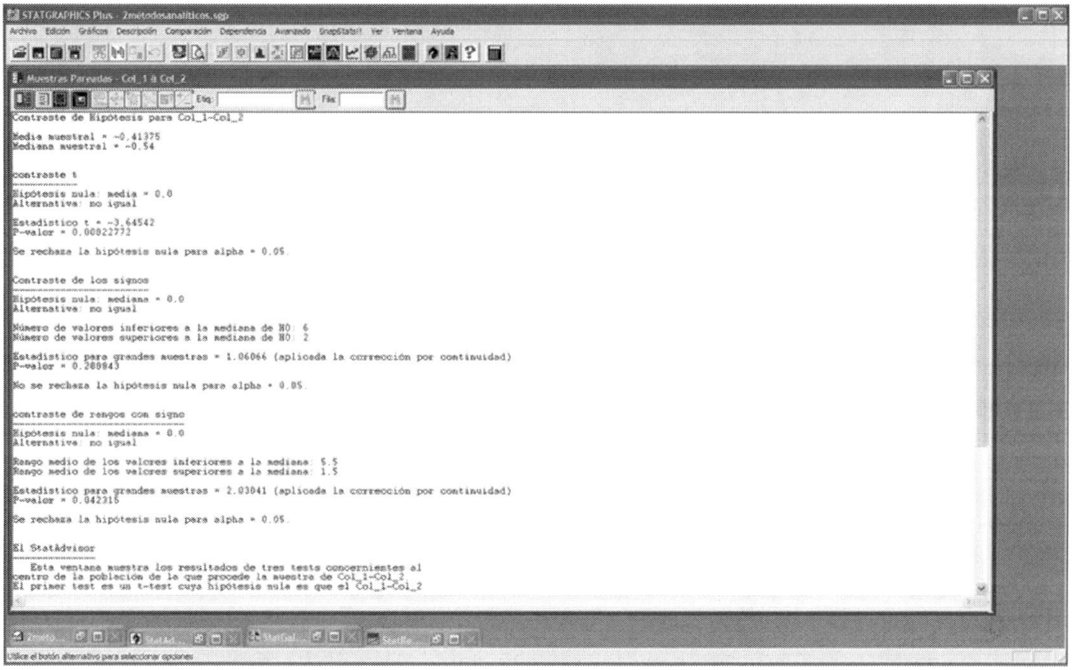

Se observa que, además del contraste *t,* aparecen otros dos (el de los signos y el de rangos con signo) que no se tendrán en cuenta.

Los ejercicios relativos a este método son los numerados 4.8 y 4.9.

Análisis de la varianza (ANOVA)

1) Introducir en una hoja de cálculo los datos o valores correspondientes.

2) Para realizar un análisis de la varianza (ANOVA) lo primero que se hace es comprobar que cada columna de datos se trata de una distribución normal. Para ello, se busca en la barra de herramientas el icono StatWizard, marcando "seleccionar de la lista", "comprobar datos para normalidad", y por último, "aceptar".

   Una vez que se pulse aceptar, aparece una pantalla para escoger la columna de datos deseada.

   Eligiendo cada una de las columnas y pulsando "aceptar" aparecen los resultados siguientes, en concreto para la columna 2.

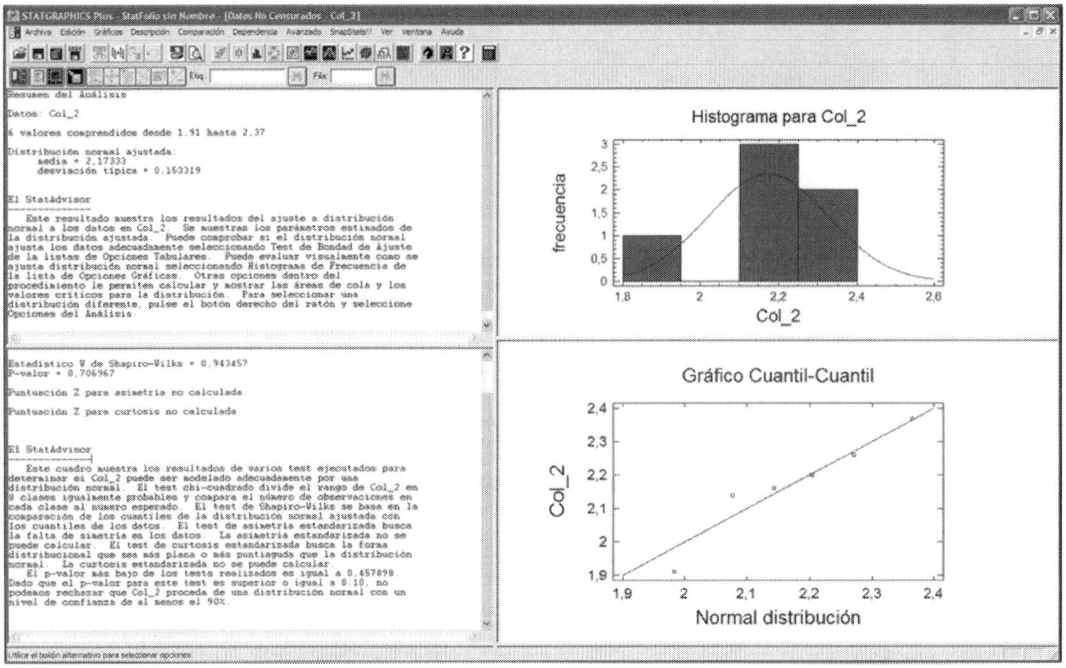

3) Comprobar que las varianzas sean similares. Para ello se selecciona el icono StatWizard "seleccionar de la lista" y "comparar dos columnas de datos".

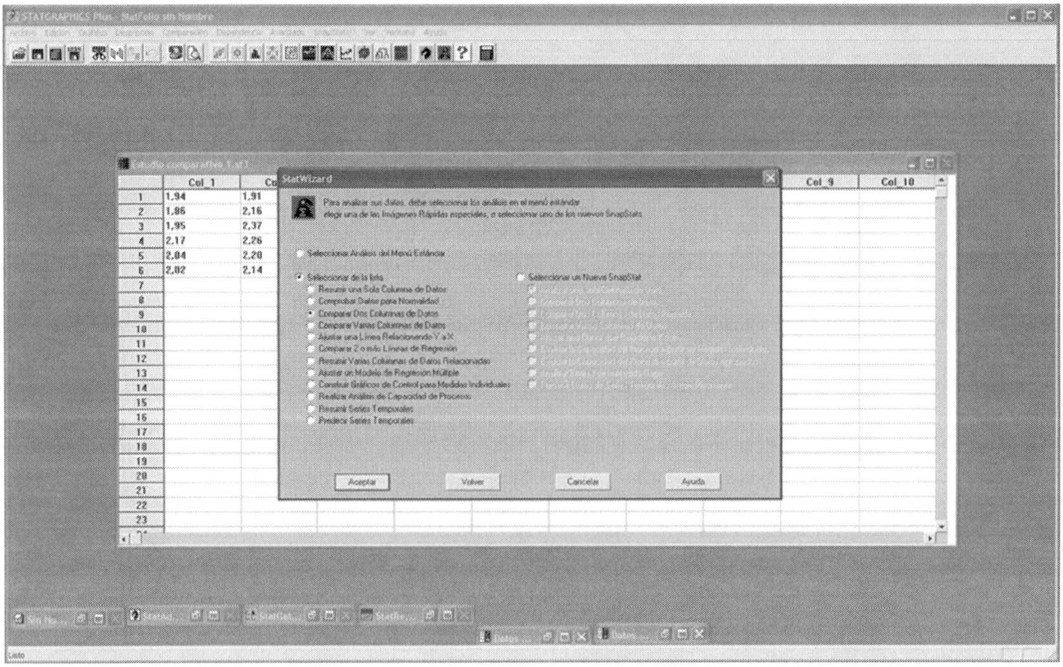

Y al pulsar "aceptar" aparece la siguiente pantalla, eligiéndose las columnas de datos:

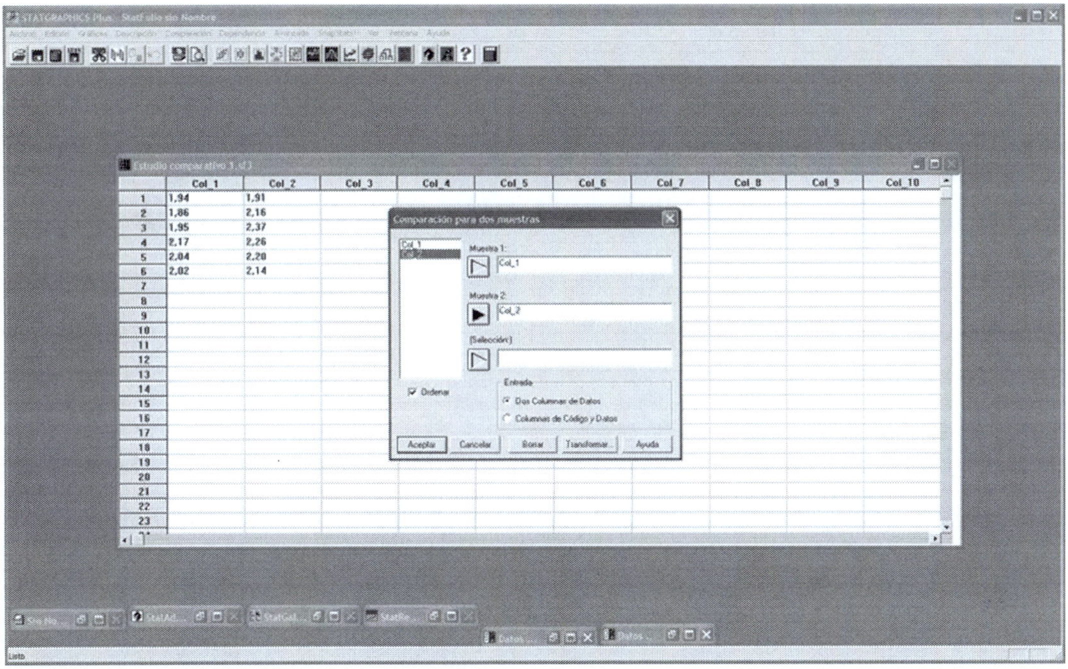

Nuevamente al pulsar "aceptar" aparecen los siguientes resultados:

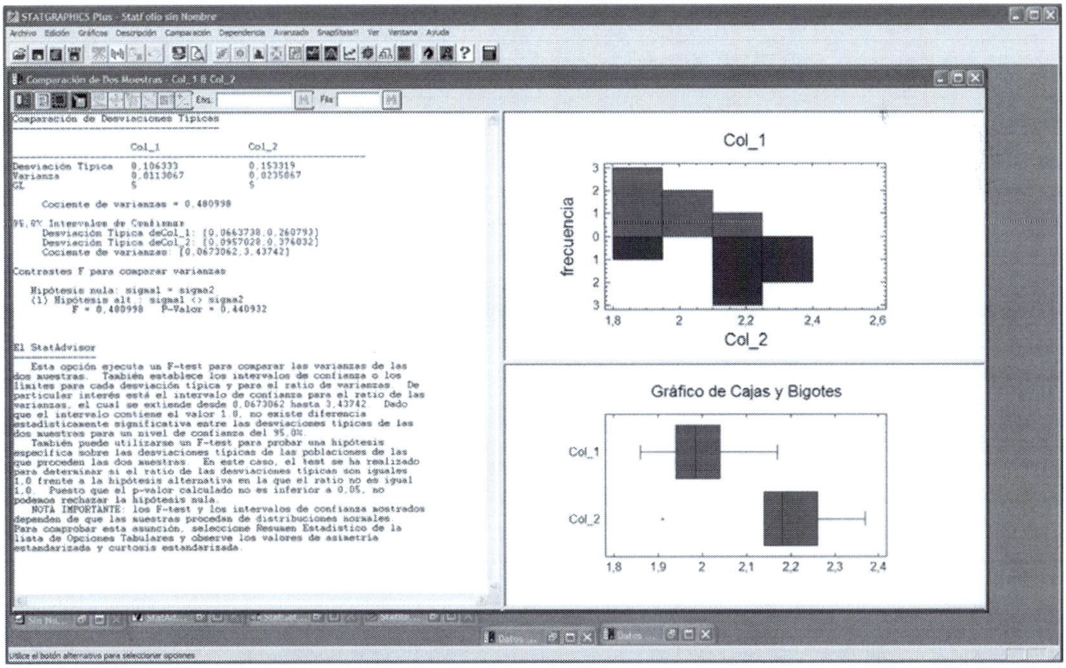

4) Si se cumplen las 2 condiciones indicadas anteriormente se puede aplicar el análisis de la varianza (ANOVA). Para ello, se pincha el icono de StatWizard,

"seleccionar de la lista", "comparar varias columnas de datos"; al pulsar "aceptar" aparece la siguiente pantalla:

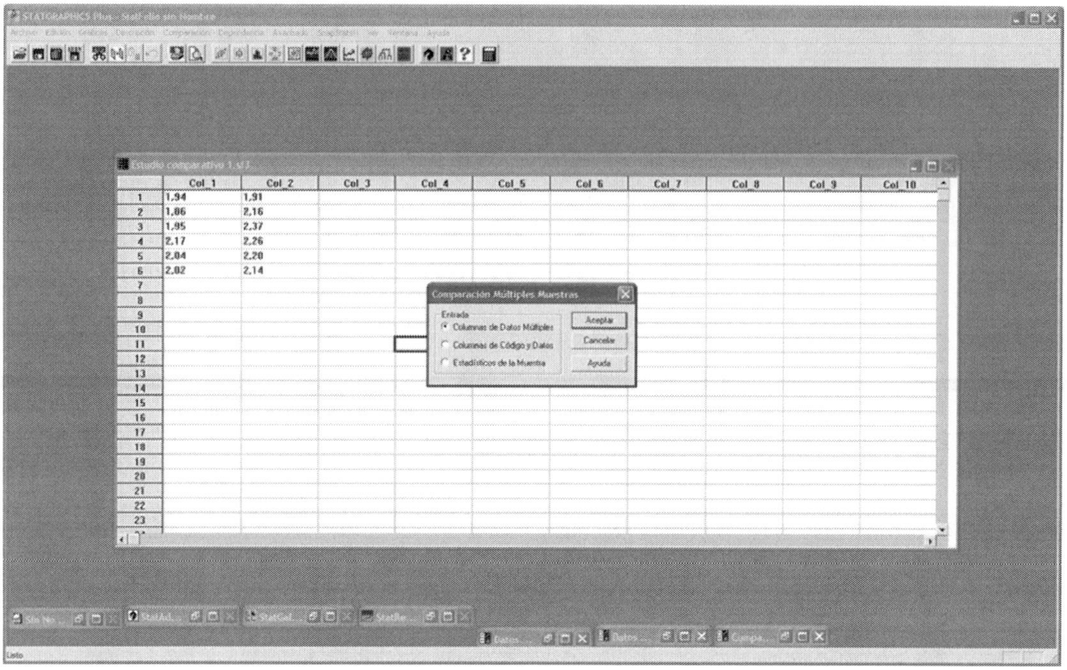

En ella se selecciona "columna de datos múltiples" y se pulsa "aceptar"; aparece la siguiente pantalla, en la que se eligen las columnas que se quieren comparar:

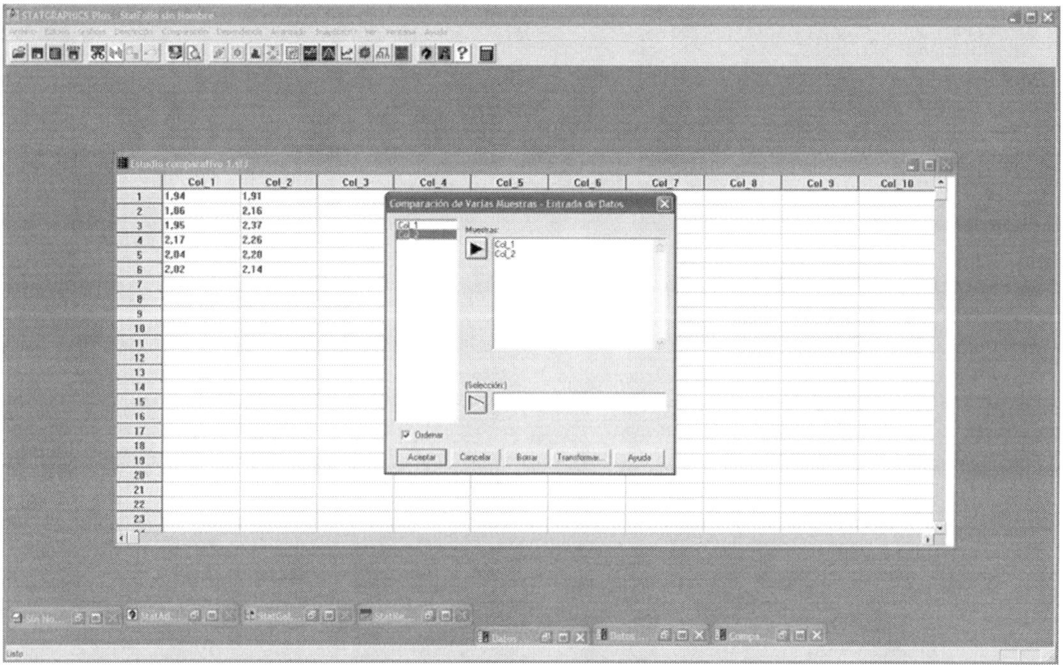

Elegidas dichas columnas se pulsa "aceptar", y aparece la ventana:

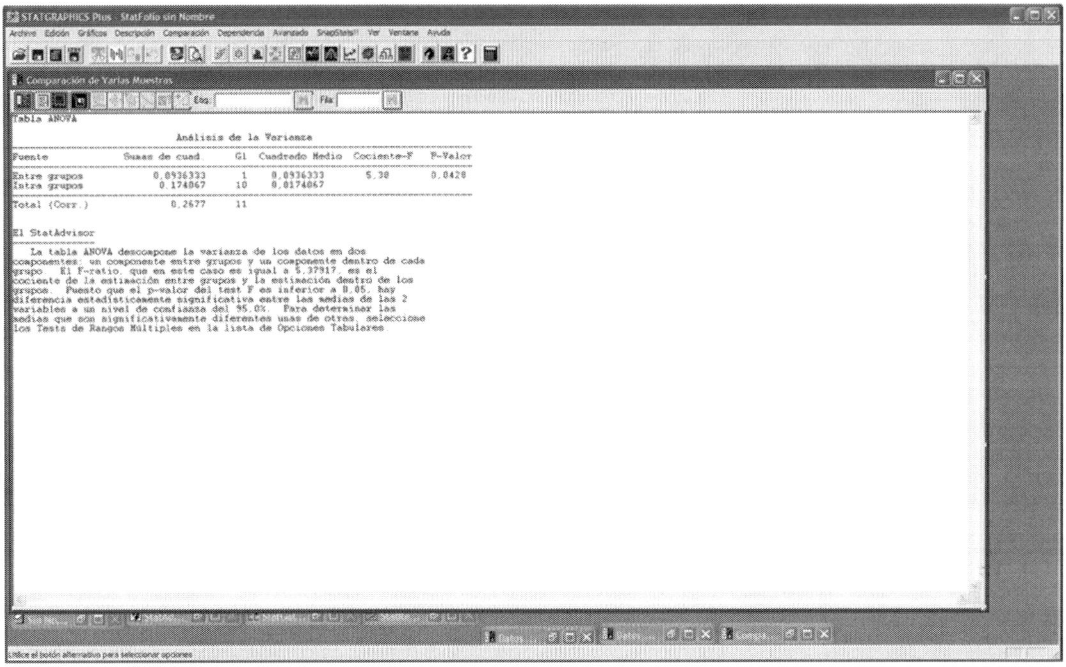

5) Si hay más de dos series de datos de análisis para saber cuál o cuáles de ellas se desvían, se utiliza la opción tabular "contraste múltiple de rango", que nos indicaría las medias que son significativamente diferentes.

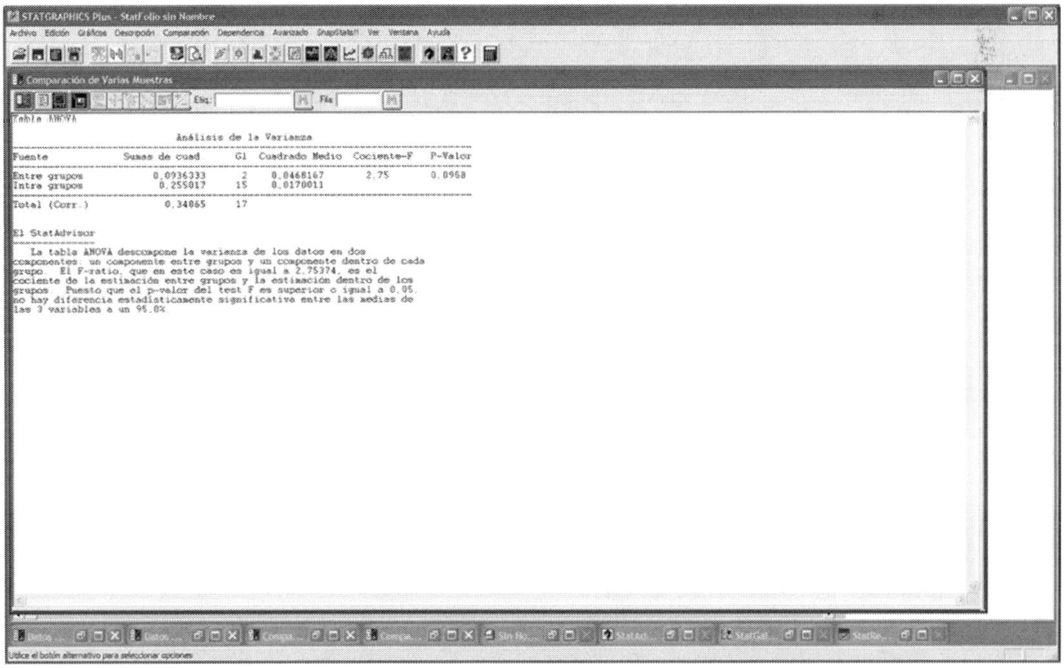

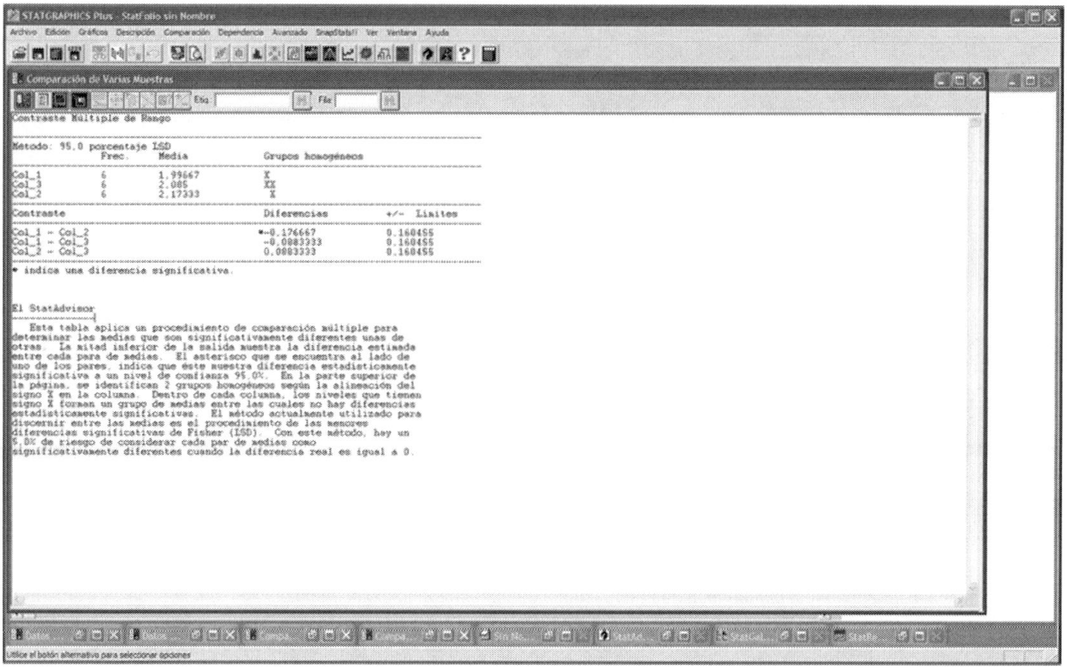

Los ejercicios relativos a este método son los numerados 4.11, 4.13, 4.15 y 4.16.

Ejercicios resueltos

4.1.- (F) Cinco laboratorios participan en una prueba de comparación, analizando plomo en diversas muestras de agua de vertidos de una conservera. El objeto de la investigación es comprobar la posible homogeneidad de las distintas varianzas. Los resultados obtenidos, expresados en ppb, se muestran en la tabla siguiente:

A	B	C	D	E
787	757	777	777	802
795	770	768	768	812
788	765	769	769	793
784	763	769	769	789
817	755	790	790	810
787	777	762	762	804
789		758	758	
779		760	760	
		781	781	
		773	773	
		778	778	

Por aplicación del test de Bartlett, indicar si se detecta una diferencia estadísticamente significativa entre las varianzas de los 5 laboratorios.

Para la resolución de este ejercicio se utiliza el programa STATGRAPHICS. En primer lugar se introducen los datos en la hoja de cálculo, se selecciona el icono "StatWizard", a continuación "seleccionar de la lista", "comparar varias columnas de datos" y "aceptar". Seguidamente "columna de datos múltiples" y "aceptar". Después marcar cada una de las columnas y pinchar "muestras", y cuando estén todas seleccionadas, "aceptar". Eligiendo en el icono "opciones tabulares", "contraste de varianza" y "aceptar", se obtienen los siguientes resultados:

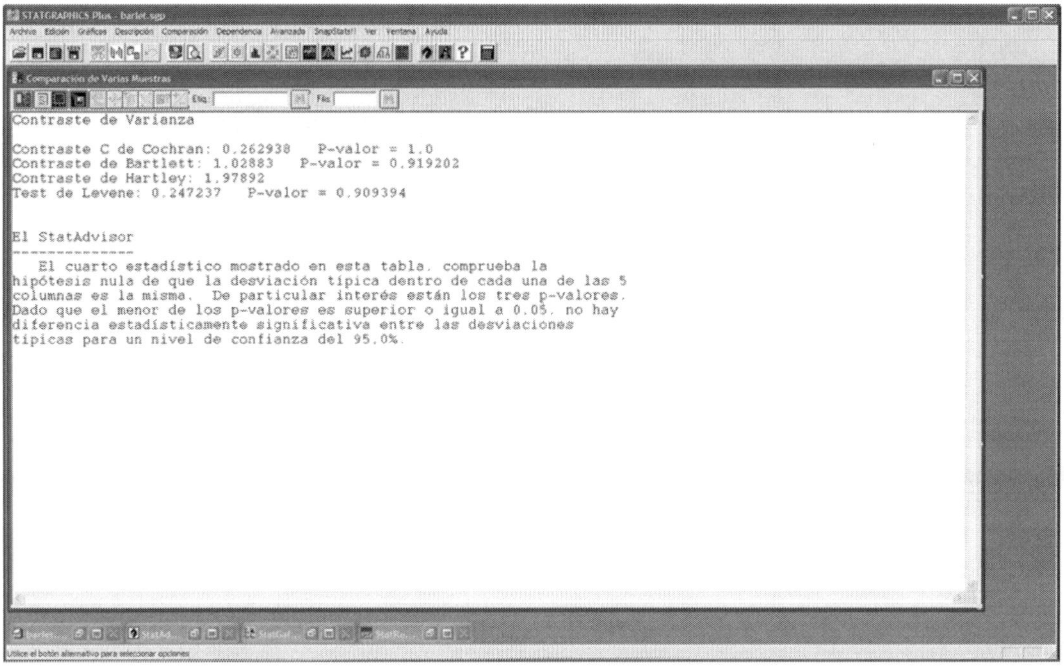

Como se observa en la pantalla anterior, el programa proporciona 4 contrastes de varianza, entre los que se encuentra el de Bartlett, cuyo resultado (*P–valor* = 0,919202 > 0,05) indica que no hay diferencias estadísticamente significativas entre las varianzas de los 5 laboratorios.

4.2.- (F) Los contaminantes de aguas residuales e industriales pueden reducir la concentración de oxígeno disuelto y tener efectos adversos en las especies acuáticas. Para efectuar un estudio del nivel de oxígeno en un río que pasa por un polígono industrial, se realizan medidas semanales en el mismo lugar del río durante un período de dos meses:

Semana	O_2 disuelto (ppm)
1	4,9
2	5,1
3	5,6
4	4,3
5	4,7
6	4,9
7	4,5
8	5,1

La comunidad científica piensa que 5,0 ppm es una concentración de O_2 disuelto en la que apenas pueden vivir los peces. Aplicar una prueba estadística para

determinar si la concentración media de O_2 disuelto es distinta de 5,0 ppm para el nivel de confianza del 95%. Expresar claramente las hipótesis nula y alternativa.

Utilizando el programa Statgraphics se obtiene la media aritmética y la desviación típica de las concentraciones de O_2, datos necesarios para la resolución del problema.

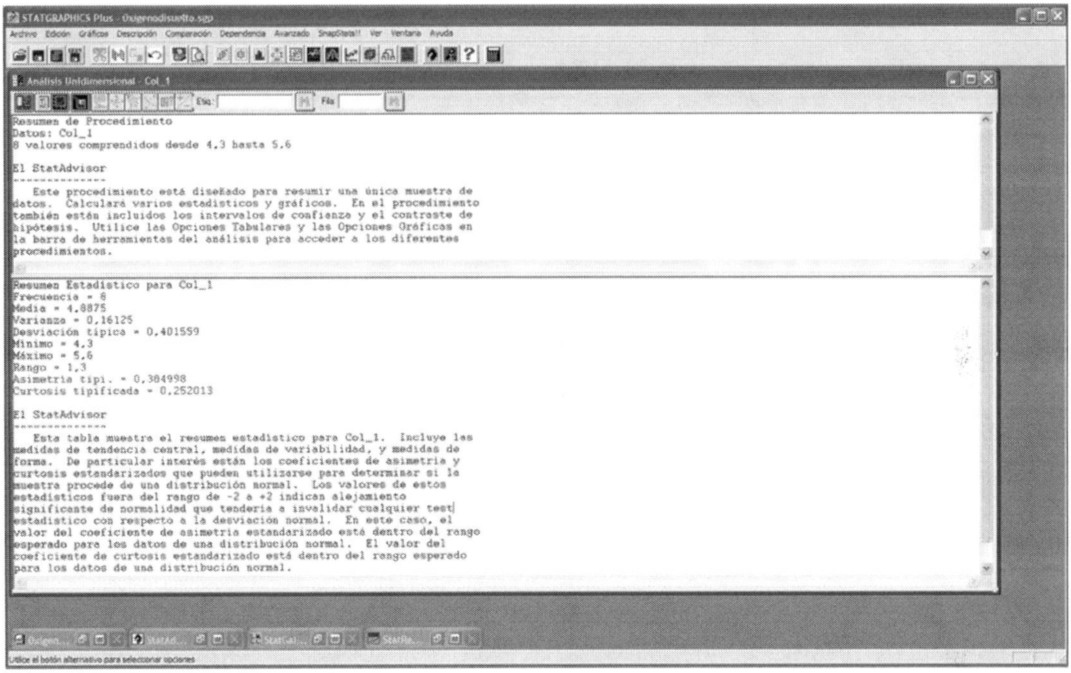

En la siguiente ventana se observa, a partir del estudio realizado, que la concentración medida no es distinta a 5,0 ppm, por lo que el agua del río no es perjudicial para la vida acuática.

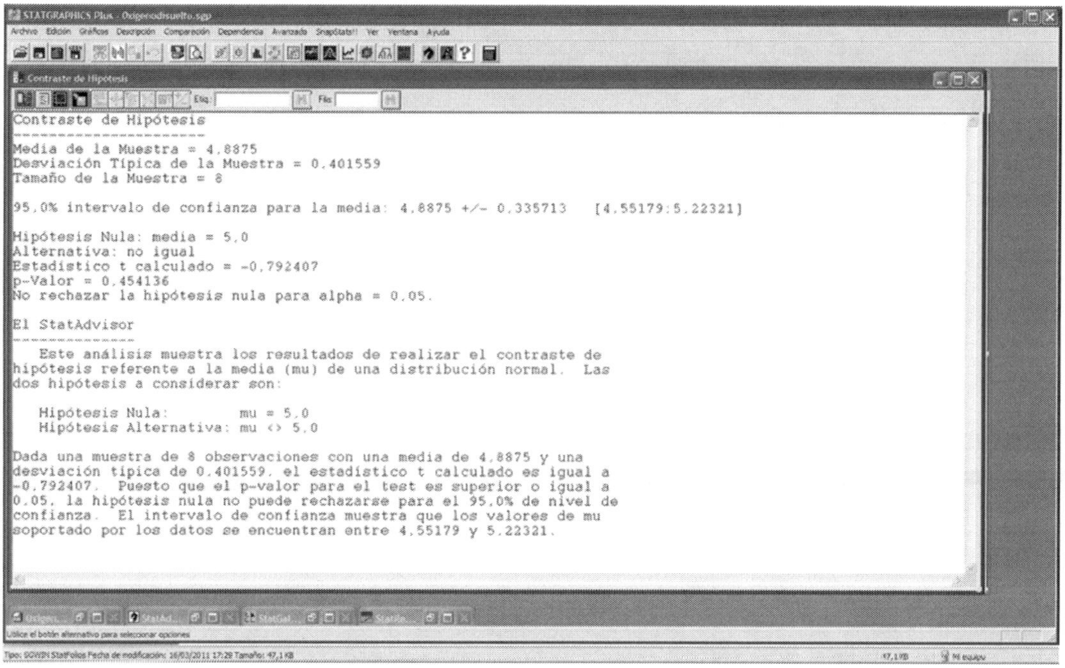

4.3.- (M) En el análisis de níquel en una muestra patrón de acero aleado con valor certificado de 4,27% se han obtenido los siguientes valores expresados en porcentaje en masa:

4,20; 4,28; 4,26; 4,20; 4,25; 4,28; 4,26; 4,25; 4,26

Determinar si existe error sistemático en el resultado obtenido para una significación del 5%.

Utilizando el programa Statgraphics según se explica en el apartado "comparación de una media con un valor de referencia" se llega a la siguiente ventana:

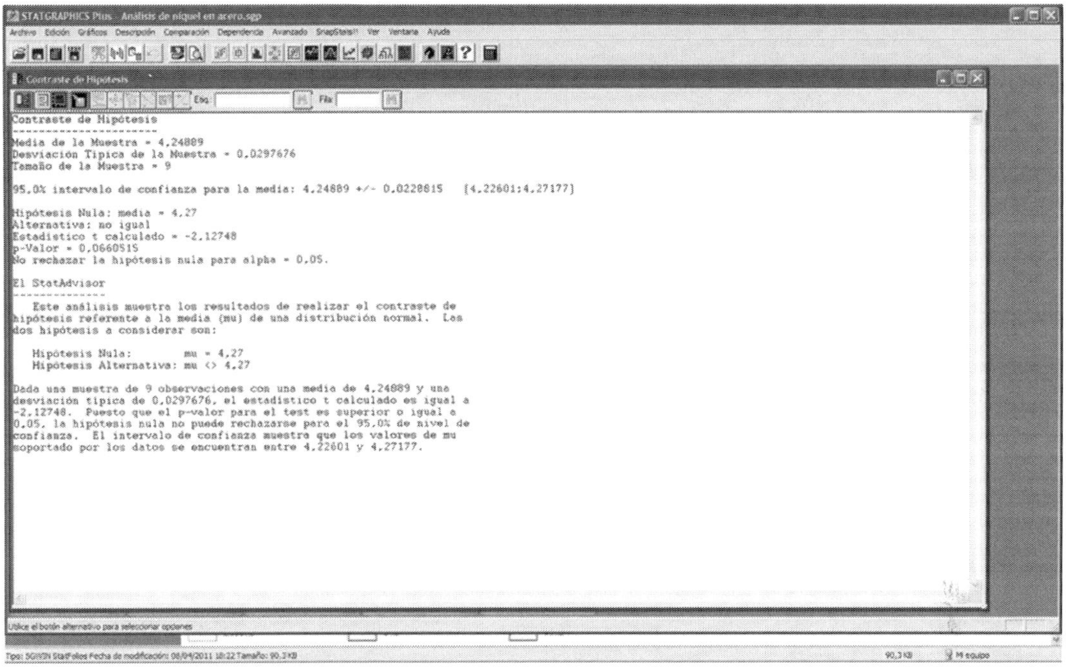

Por lo tanto se concluye que no hay error sistemático en el resultado obtenido para una significación del 5%.

4.4.- (M) Se lleva a cabo el estudio de exactitud de un nuevo método de análisis, determinando para ello el contenido de cinc en una muestra patrón de la aleación denominada latón naval usada en la construcción de buques y artefactos marinos por su elevada resistencia a la corrosión, cuyo valor certificado es 39,25%. Para una serie de siete determinaciones efectuadas mediante dicho método se encuentran los siguientes resultados: valor medio 39,11%; desviación estándar 0,12. Determinar si existe error sistemático en el resultado obtenido para: a) una significación del 5%, b) una significación del 1%.

Utilizando el programa Statgraphics según se explica en el apartado "comparación con un valor de referencia" se llega a las siguientes ventanas para cada uno de los niveles de significación:

a)

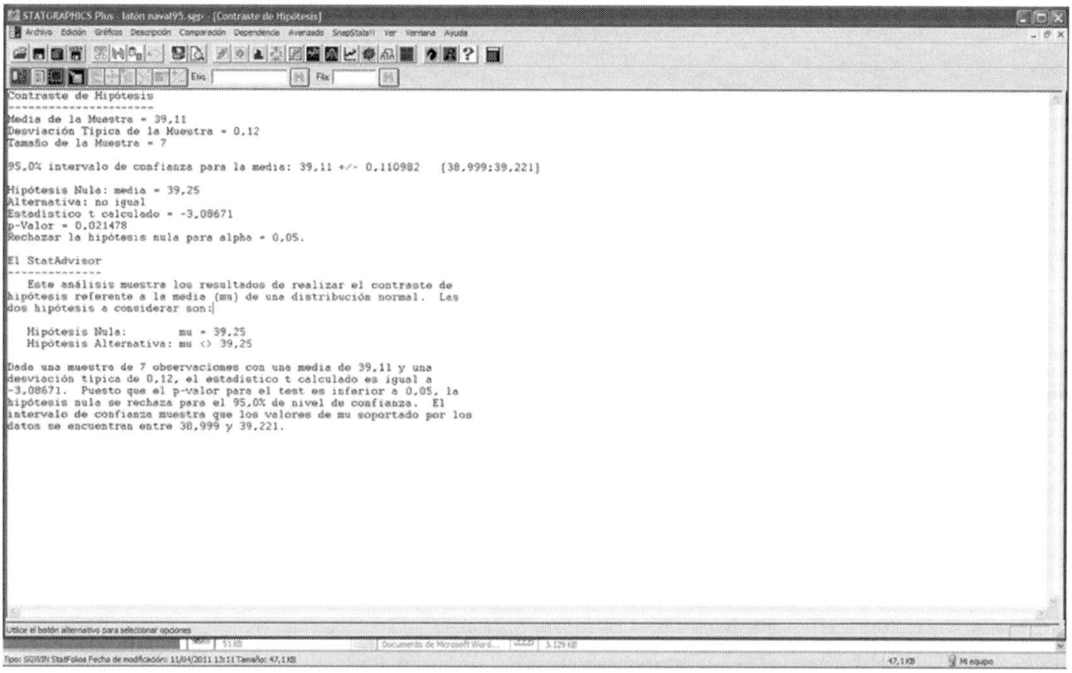
STATGRAPHICS Plus - latón naval95.sgp - [Contraste de Hipótesis]
Archivo Edición Gráficos Descripción Comparación Dependencia Avanzado SnapStats!! Ver Ventana Ayuda
Contraste de Hipótesis
Media de la Muestra = 39,11
Desviación Típica de la Muestra = 0,12
Tamaño de la Muestra = 7
95,0% intervalo de confianza para la media: 39,11 +/- 0,110982 [38,999;39,221]
Hipótesis Nula: media = 39,25
Alternativa: no igual
Estadístico t calculado = -3,08671
p-Valor = 0,021478
Rechazar la hipótesis nula para alpha = 0,05.
El StatAdvisor
Este análisis muestra los resultados de realizar el contraste de hipótesis referente a la media (mu) de una distribución normal. Las dos hipótesis a considerar son:
Hipótesis Nula: mu = 39,25
Hipótesis Alternativa: mu <> 39,25
Dada una muestra de 7 observaciones con una media de 39,11 y una desviación típica de 0,12, el estadístico t calculado es igual a -3,08671. Puesto que el p-valor para el test es inferior a 0,05, la hipótesis nula se rechaza para el 95,0% de nivel de confianza. El intervalo de confianza muestra que los valores de mu soportado por los datos se encuentran entre 38,999 y 39,221.
Utilice el botón alternativo para seleccionar opciones

b)

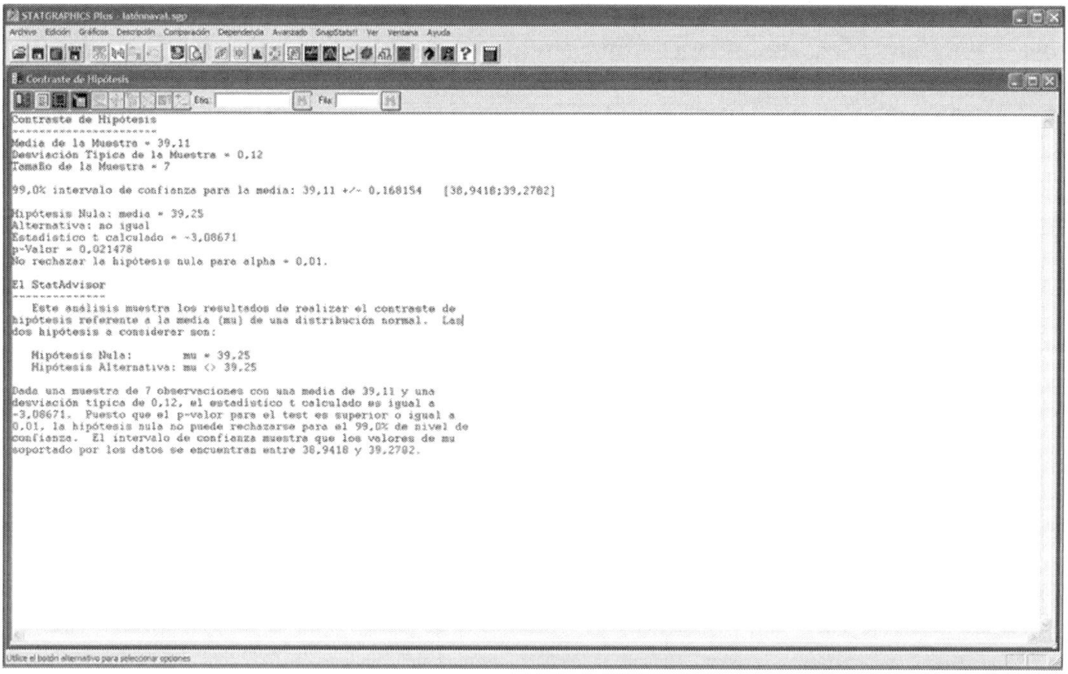
STATGRAPHICS Plus - latónnaval.sgp
Archivo Edición Gráficos Descripción Comparación Dependencia Avanzado SnapStats!! Ver Ventana Ayuda
Contraste de Hipótesis
Contraste de Hipótesis
Media de la Muestra = 39,11
Desviación Típica de la Muestra = 0,12
Tamaño de la Muestra = 7
99,0% intervalo de confianza para la media: 39,11 +/- 0,168154 [38,9418;39,2782]
Hipótesis Nula: media = 39,25
Alternativa: no igual
Estadístico t calculado = -3,08671
p-Valor = 0,021478
No rechazar la hipótesis nula para alpha = 0,01.
El StatAdvisor
Este análisis muestra los resultados de realizar el contraste de hipótesis referente a la media (mu) de una distribución normal. Las dos hipótesis a considerar son:
Hipótesis Nula: mu = 39,25
Hipótesis Alternativa: mu <> 39,25
Dada una muestra de 7 observaciones con una media de 39,11 y una desviación típica de 0,12, el estadístico t calculado es igual a -3,08671. Puesto que el p-valor para el test es superior o igual a 0,01, la hipótesis nula no puede rechazarse para el 99,0% de nivel de confianza. El intervalo de confianza muestra que los valores de mu soportado por los datos se encuentran entre 38,9418 y 39,2782.
Utilice el botón alternativo para seleccionar opciones

Se observa que existe error sistemático en el resultado obtenido para una significación del 5%, pero no para el 1%.

4.5.- (M) En un laboratorio se analiza Cr (III) en muestras acuosas mediante 2 técnicas: espectrofotometría derivada UV/Visible y espectrofotometría de absorción atómica. Los resultados obtenidos por ambos métodos expresados en ppm son los siguientes:

UV/VIS derivada	Absorción atómica
1,21	1,18
1,21	1,18
1,21	1,17
1,22	1,19
1,20	1,20
1,21	1,20
1,22	1,19
1,21	1,20
1,19	1,20
1,21	1,17

a) Para cada método determinar frecuencia, media aritmética, mediana, varianza, desviación típica, desviación estándar de la media y coeficiente de variación para un nivel de confianza del 95%.
b) Indicar si los dos métodos conducen al mismo resultado para un nivel de confianza del 95%.

a) Realizando los cálculos mediante el programa Statgraphics, se obtienen los siguientes resultados para los dos métodos: Col_1 (UV/Vis derivada) y Col_2 (Absorción atómica).

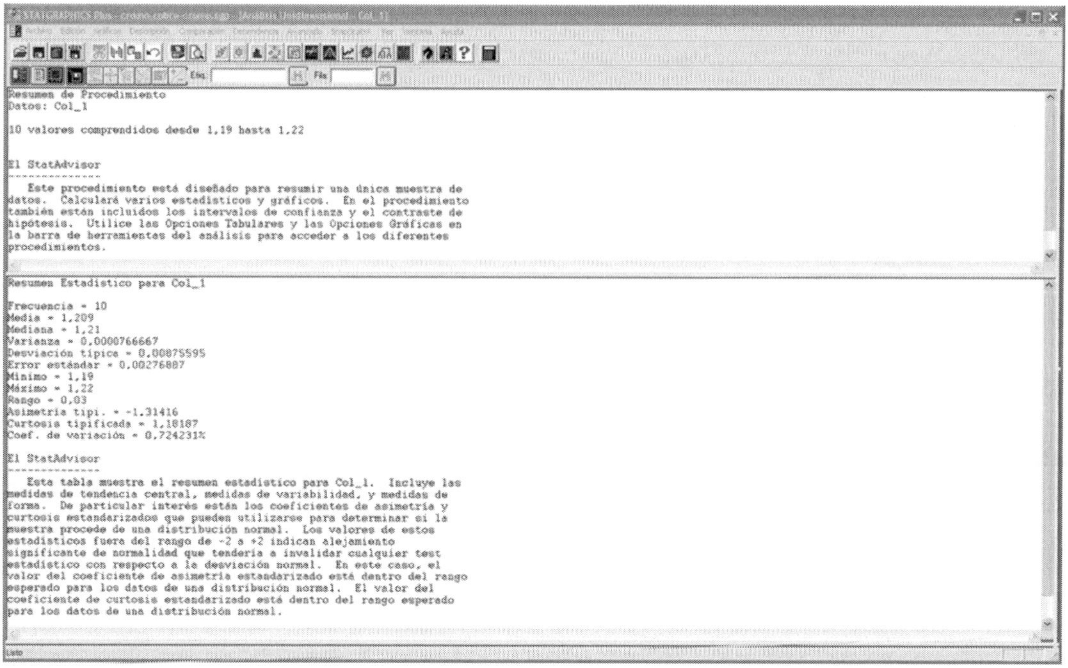

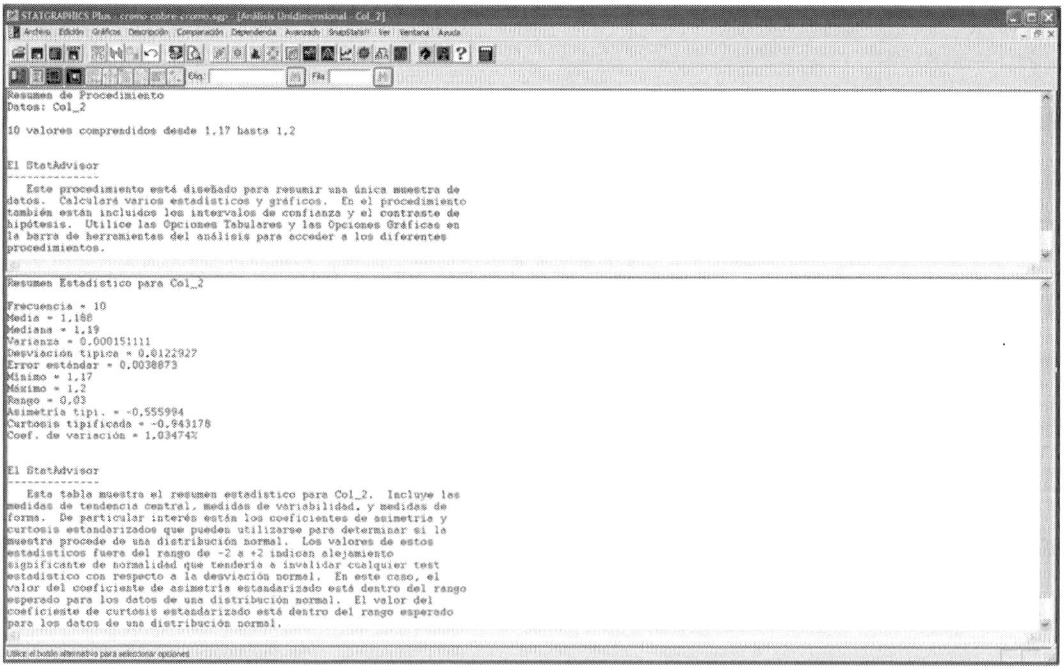

b) Introduciendo los resultados indicados en las ventanas anteriores (medias y desviaciones estándar de las dos series), y procediendo como se explica en el apartado "comparación de medias" de "utilización del programa Statgraphics" se llega a la ventana siguiente con la comparación de los métodos:

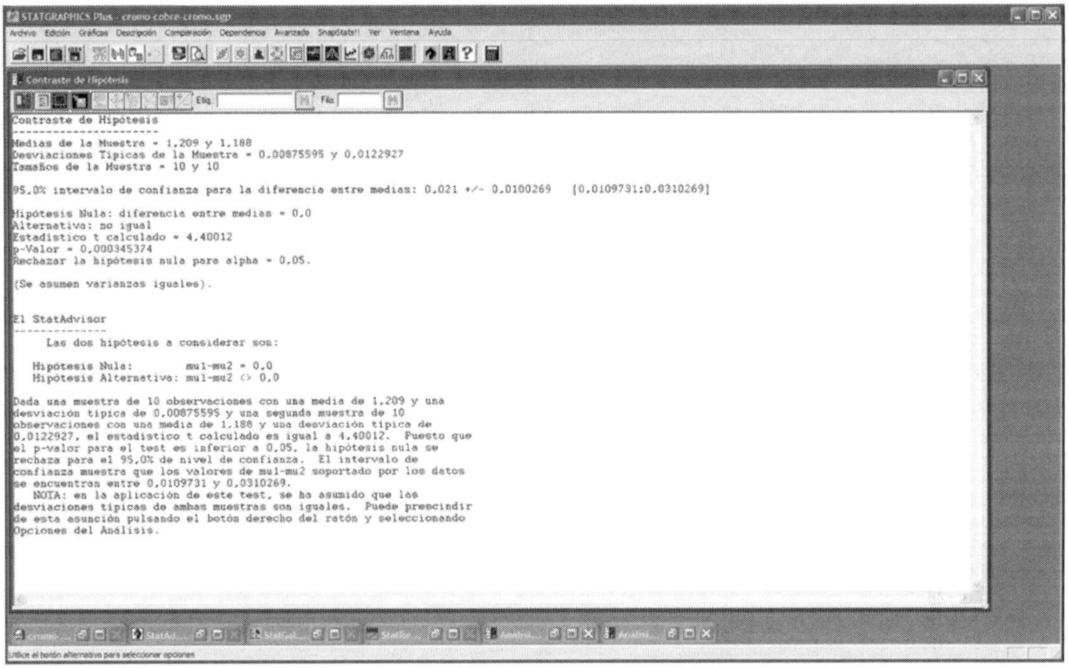

A la vista de los resultados, los dos métodos no conducen a un mismo resultado para un nivel de confianza del 95%.

4.6.- (M) En un laboratorio se analiza Hg (II) en muestras acuosas mediante espectrofotometría derivada UV/Visible y espectrofotometría de absorción atómica. Los resultados obtenidos por estos métodos expresados en ppm, son los siguientes:

UV/VIS derivada	Absorción atómica
0,50	0,46
0,50	0,49
0,50	0,53
0,51	0,55
0,50	0,44
0,51	0,56
0,51	0,45
0,50	0,57
0,49	0,42
0,51	0,40

a) Para cada método determinar frecuencia, media aritmética, mediana, varianza, desviación típica, desviación estándar de la media y coeficiente de variación para un nivel de confianza del 95%.

b) Indicar si los dos métodos conducen al mismo resultado para un nivel de confianza del 95%.

a) Realizando los cálculos estadísticos mediante el programa Statgraphics según se indica en el apartado "comparación de medias", se obtienen los siguientes resultados para los dos métodos:

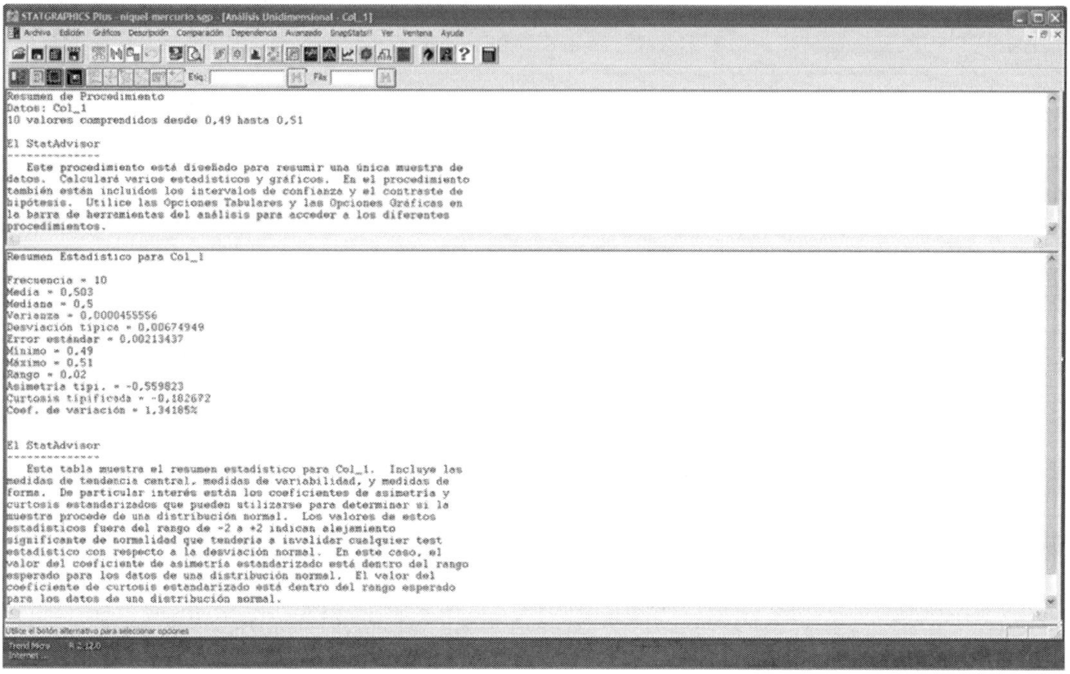

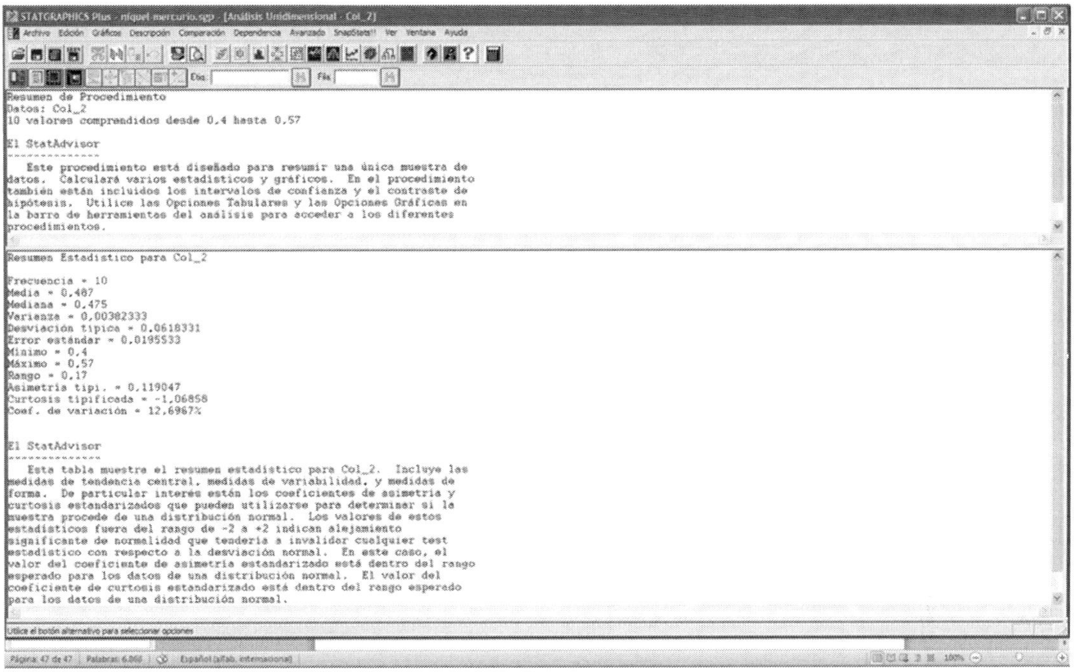

b) Introduciendo los resultados indicados en las ventanas anteriores (medias y desviaciones estándar de las dos series), y procediendo como se explica en el punto 3 del apartado "comparación de medias" de "utilización del programa Statgraphics" se llega a la ventana siguiente con la comparación de los métodos.

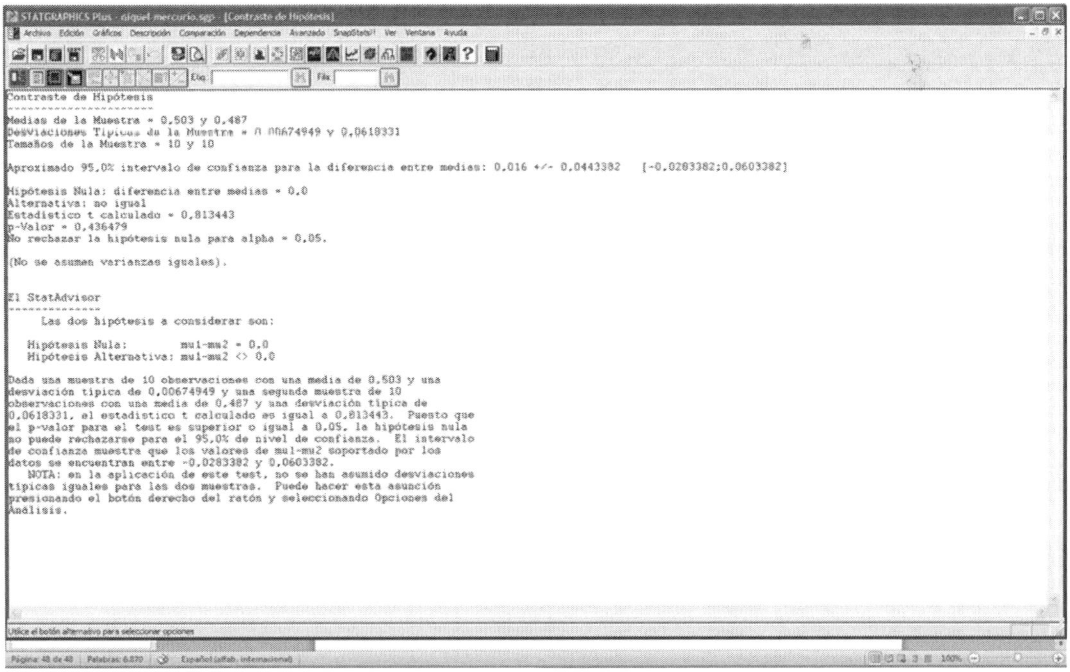

Se llega a la conclusión de que los dos métodos conducen a un mismo resultado para un nivel de confianza del 95%.

4.7.- (F) En la determinación del contenido en gasolina de un biocombustible se ha realizado una comparación entre dos métodos (A y B), cuyos resultados se expresan a continuación:

Método	A	B
Valor medio (%)	60,7	66,7
Desviación estándar (%)	1,11	0,92
Número de análisis	10	10

a) ¿Son comparables los resultados obtenidos por ambos métodos?
b) ¿Los dos métodos difieren en precisión?
Suponer un nivel de confianza del 95%.

a) En este ejercicio nos facilitan los valores medios y las desviaciones estándar de las dos series de datos, por lo que en el programa Statgraphics habría que introducir los datos directamente en la ventana del paso 3 del apartado "análisis de la varianza (ANOVA)" de la explicación del manejo del programa.

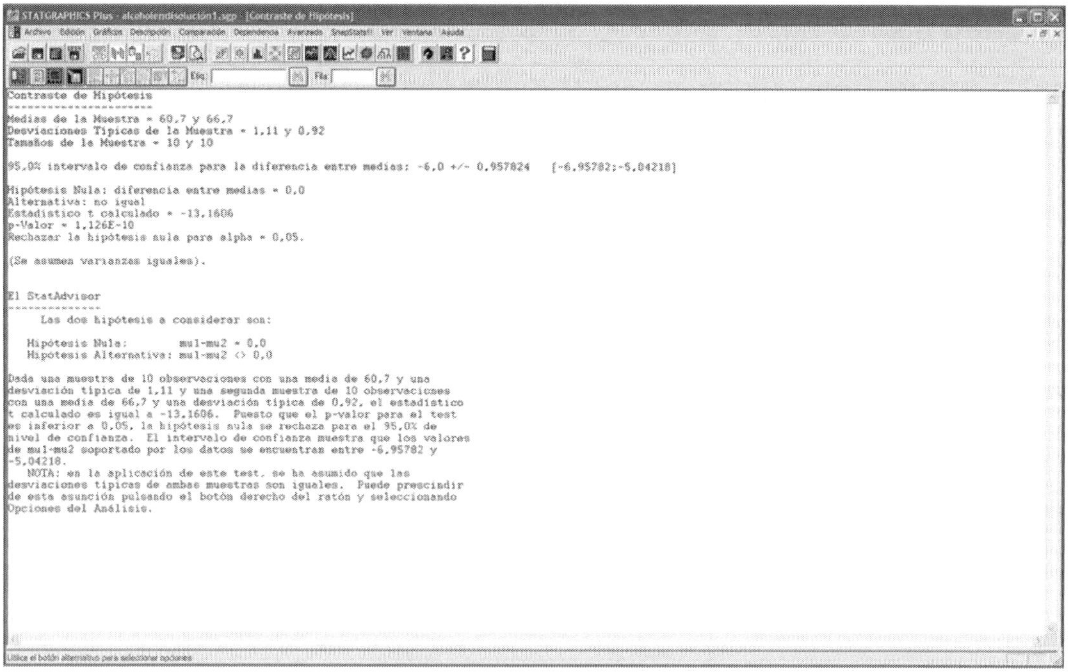

Como se observa en la pantalla la diferencia de las medias es significativa, por lo que los dos métodos conducen a resultados diferentes.

b) De la misma forma, en la pantalla de "contraste de hipótesis" se puede elegir la opción "desviación típica normal", obteniéndose los siguientes resultados:

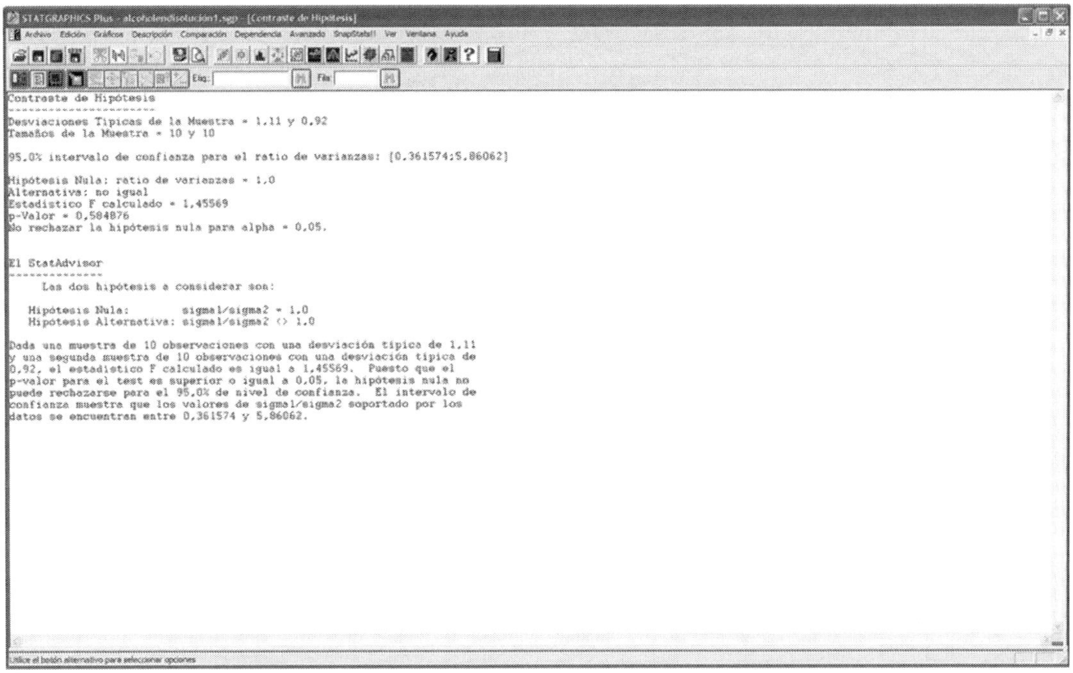

De los resultados recogidos en la pantalla anterior se deduce que los dos métodos no difieren en precisión.

4.8.- (M) Se utilizan dos métodos para la determinación del cloro residual en efluentes de aguas residuales. Ambos métodos se aplican a las mismas muestras, aunque cada una procede de lugares diferentes, que tienen tiempo de contacto también distinto con el efluente. Se obtienen los siguientes resultados para la concentración de cloro (expresada en ppm):

Muestra	Método I	Método II
1	0,39	0,36
2	0,84	1,35
3	1,76	2,56
4	3,35	3,92
5	4,69	5,35
6	7,70	8,33
7	10,52	10,70
8	10,92	10,91

a) ¿Qué tipo de prueba debe utilizarse para comparar los dos métodos y por qué?

b) ¿Se obtienen resultados distintos con los dos métodos? Expresar y poner a prueba las hipótesis adecuadas.

a) Se debe utilizar la prueba de comparación de datos apareados, porque se observa que son muestras de diferente concentración analizadas por dos métodos.

b) Para saber si los resultados obtenidos por los dos métodos son significativamente diferentes se utiliza el programa Statgraphics, tal como se explica en el apartado "comparación de datos apareados". Se observa que además del contraste *t* aparecen otros (contraste de los signos y contraste de rangos con signo) que no tendremos en cuenta.

Los resultados obtenidos aparecen en las dos ventanas siguientes:

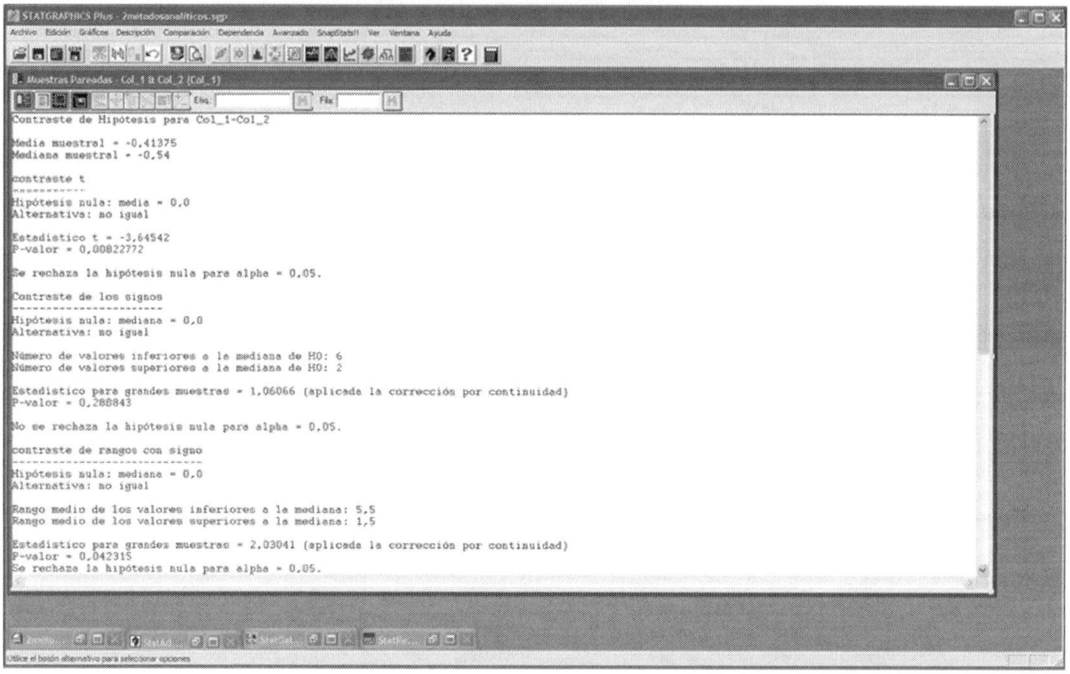

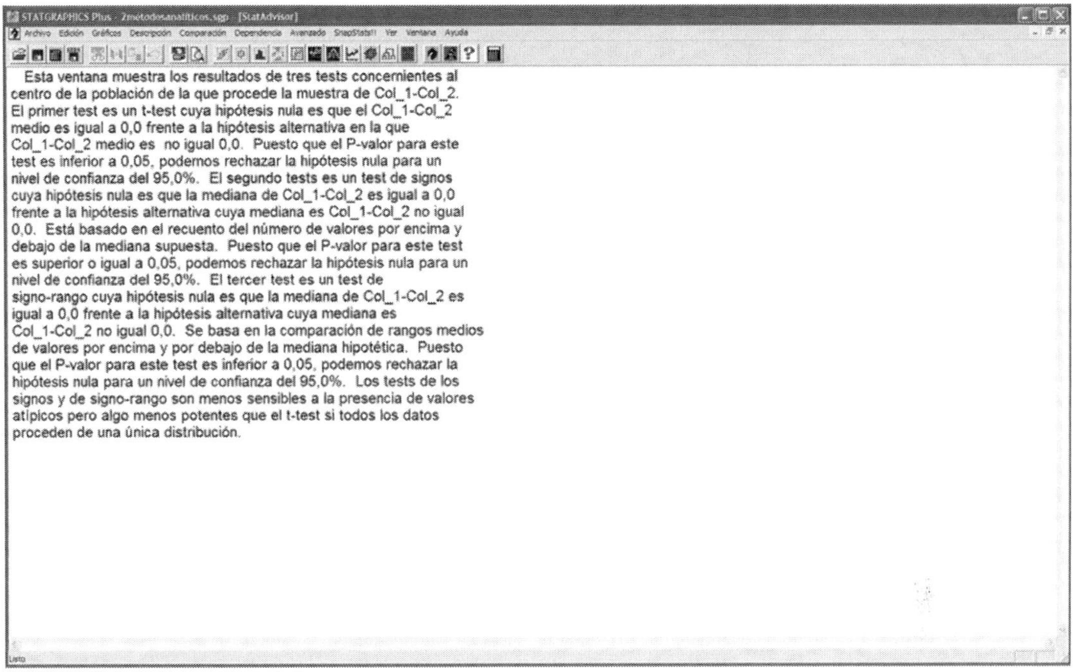

El contraste *t* obtenido rechaza la hipótesis nula para el 95% de nivel de confianza, lo que quiere decir que se llega a resultados significativamente diferentes según se utilice un método u otro.

4.9.- (M) Se toman medidas de la concentración de glucosa en sangre a una serie de voluntarios para comprobar la validez de un nuevo método realizado con un equipo de utilización doméstica, comparando los valores obtenidos con los de un método de análisis clínico convencional. Las concentraciones obtenidas (mg/100 mL) son las siguientes:

Nuevo método	**115**	**112**	**175**	**86**	**127**	**102**
Método convencional	**111**	**109**	**169**	**87**	**119**	**105**

Comprobar si ambos métodos proporcionan resultados semejantes.

Se realiza este estudio con el programa Statgraphics para datos apareados, obteniéndose la siguiente ventana:

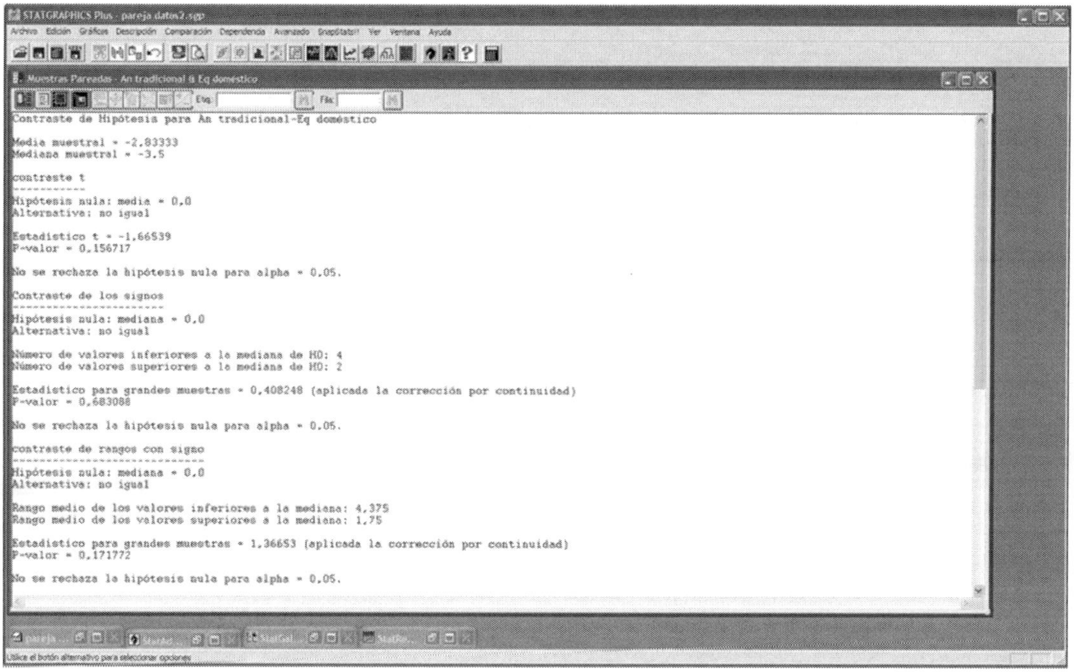

En ella se observa que los dos métodos llevan a resultados semejantes para el nivel de confianza del 95%.

4.10.- (D) En tres zonas de un antiguo vertedero regenerado se midió el contenido en nitrógeno, realizando cinco determinaciones en una muestra de cada zona del vertedero. A continuación se proporciona una tabla ANOVA incompleta para este estudio:

Fuente	Suma de cuadrados	Grados de libertad	Varianza	F_{cal}
Entre zonas	-	-	-	-
En una zona	-	-	0,0081	
Total	0,374	-		

a) Calcular los datos que faltan en la tabla ANOVA.
b) Establecer las hipótesis nula y alternativa.
c) ¿Difieren las tres zonas en su contenido en nitrógeno para el nivel de confianza del 95%?

a) A partir de los datos de la tabla ANOVA del enunciado se determinan los que faltan para completarla:

SS_{zon} (suma de los cuadrados debidos al factor), se relaciona con $K - 1$ ($3 - 1 = 2$) grados de libertad
SS_R (suma de los cuadrados debidos al error), se relaciona con $N - K$ ($15 - 3 = 12$) grados de libertad
SS_T (suma total de los cuadrados)
MS_R (cuadrado medio del error)
MS_{zon} (cuadrado medio debido a niveles del factor)

$$MS_R = \frac{SS_R}{N-K} = \frac{SS_R}{15-3} = 0{,}0081$$

$SS_R = 12 \cdot 0{,}0081 = 0{,}0972$

$SS_{zon} = SS_T - SS_R = 0{,}374 - 0{,}0972 = 0{,}2768$

$$MS_T = \frac{SS_T}{N-1} = \frac{0{,}374}{15-1} = 0{,}0267$$

$$MS_{zon} = \frac{SS_{zon}}{K-1} = \frac{0{,}2768}{3-1} = 0{,}1384$$

$$F = \frac{MS_{zon}}{MS_R} = \frac{0{,}1384}{0{,}0081} = 17{,}09$$

F_{tab} (95%, 2 y 12 grados de libertad) = 3,89

La tabla ANOVA completa es la siguiente:

Fuente	Suma de cuadrados	Grados de libertad	Cuadrado medio	F_{cal}
Entre zonas	0,2768	2	0,1384	
En una zona	0,0972	12	0,0081	17,09
Total	0,374	14	0,0267	

b) H_0: $\mu_{suelo1} = \mu_{suelo2} = \mu_{suelo3}$
H_a: al menos dos de las medias poblacionales difieren entre sí

c) $F = 17{,}09 > F_{tab} = 3{,}89$

Como $F_{cal} > F_{tab}$, se deduce que se rechaza H_0 y las tres zonas difieren en su contenido de nitrógeno para el nivel de confianza del 95%.

4.11.- (D) En un caso de sospecha de envenenamiento por mercurio el forense envía muestras a 3 laboratorios distintos. Los resultados obtenidos para 5 determinaciones por muestra son los siguientes:

Determinación	Laboratorio A	Laboratorio B	Laboratorio C
1	9,24	9,14	9,12
2	9,25	9,12	9,16
3	9,29	9,04	9,08
4	9,23	9,07	9,10
5	9,20	9,09	9,14

Las concentraciones de mercurio están expresadas en ppb.

a) **Establecer las hipótesis apropiadas.**
b) **Comprobar la independencia de los resultados de los 3 laboratorios.**
c) **Comprobar que los datos de cada laboratorio siguen una distribución normal.**
d) **¿Difieren los resultados de los laboratorios para los niveles de confianza del 90%, 95% y 99%?**
c) **En cada uno de los niveles de confianza, ¿qué laboratorio difiere del resto?**

a) H_0: $\mu_{laboratorio1} = \mu_{laboratorio2} = \mu_{laboratorio3}$
H_a: al menos dos de las medias poblacionales difieren entre sí

b) Utilizando el programa Statgraphics se introducen los datos y se siguen los siguientes pasos: "descripción", "datos cualitativos", "tabulación cruzada – entrada de datos", icono de "opciones tabulares" y por último "contraste de chi – cuadrado", y se obtienen las siguientes pantallas:

Comprobación de independencia entre los laboratorios A y B:

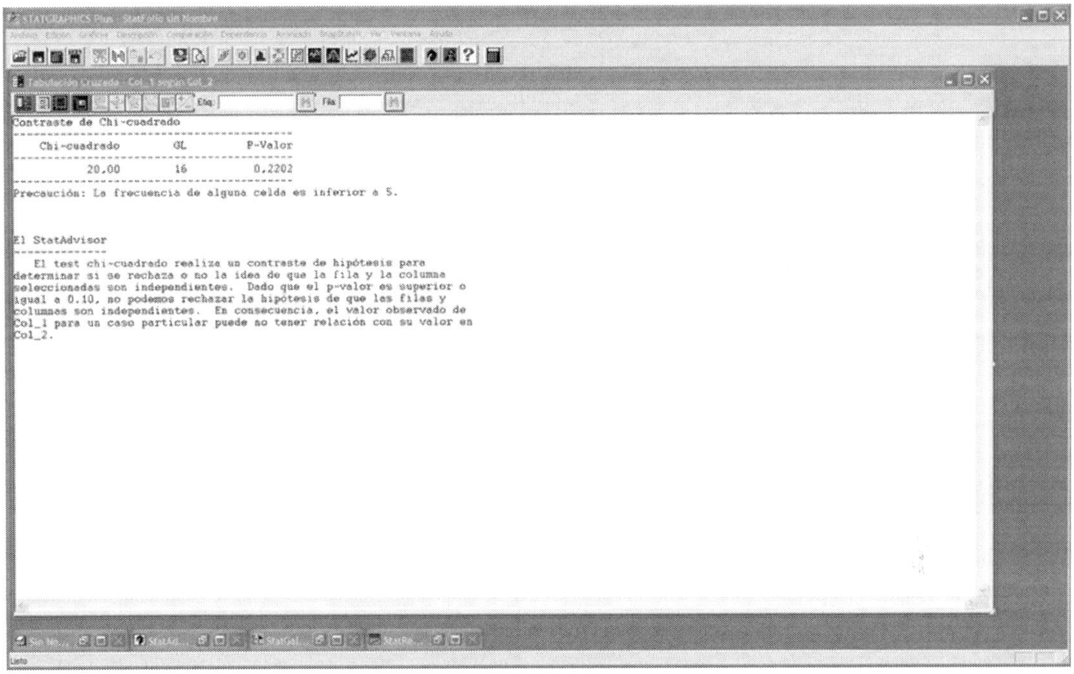

Comprobación de independencia entre los laboratorios A y C:

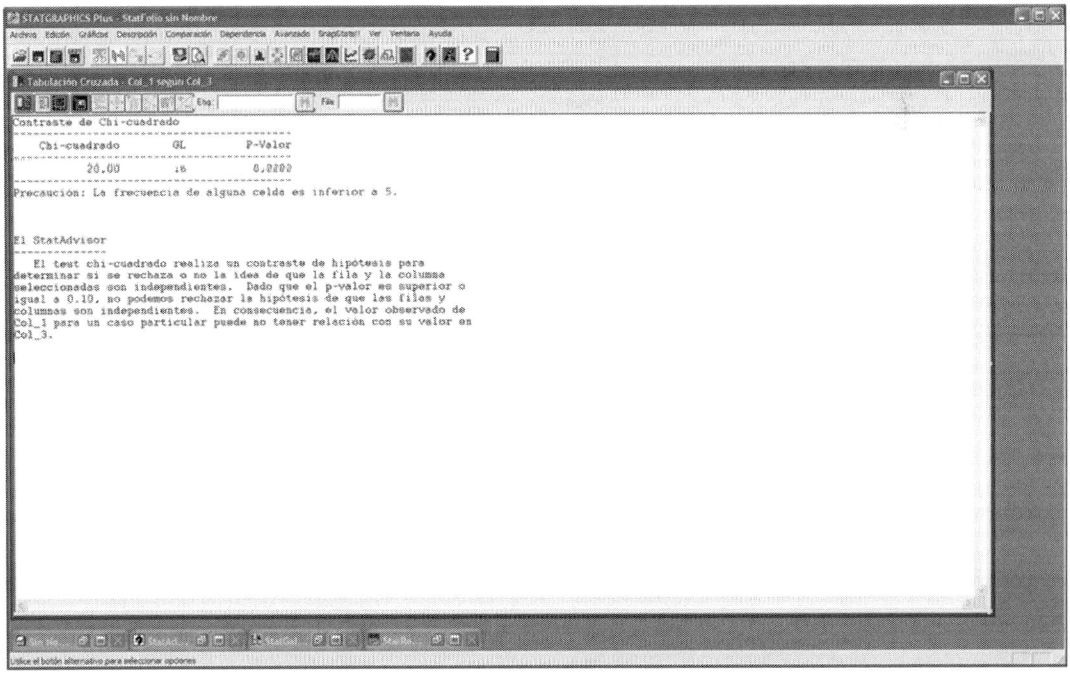

Comprobación de independencia entre los laboratorios B y C:

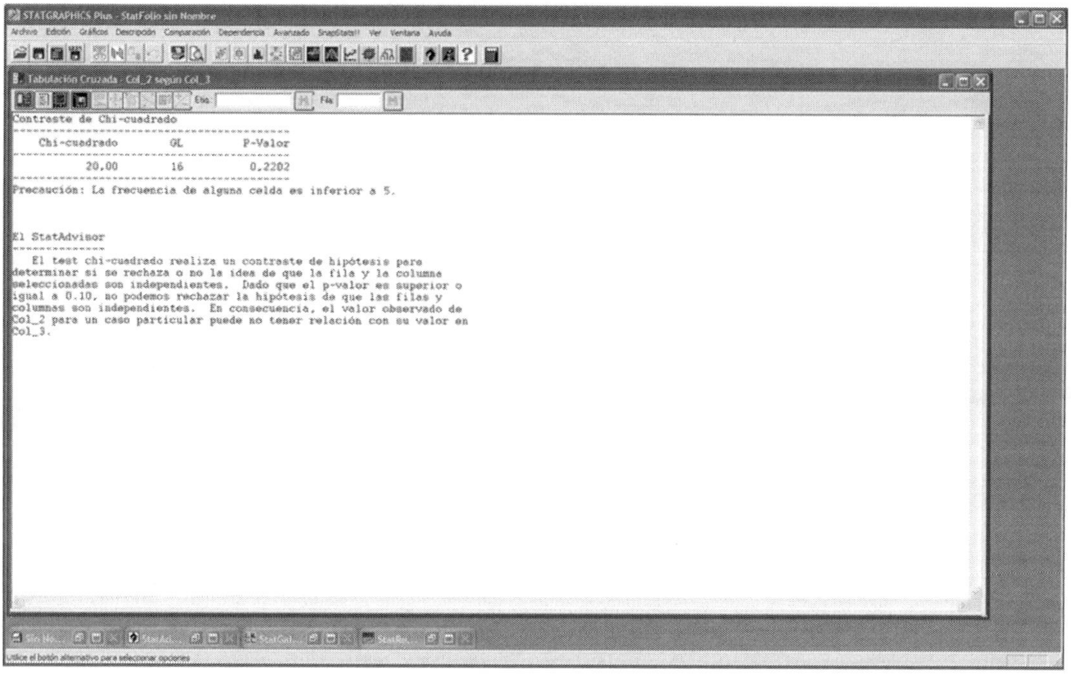

Se observa que los valores obtenidos por los tres laboratorios son independientes.

c) Con el programa Statgraphics, después de escribir los datos en la hoja de cálculo, se pica en el icono de la barra de herramientas: "seleccionar de la lista", "comprobar datos para normalidad" y "aceptar". Se obtiene para el laboratorio A:

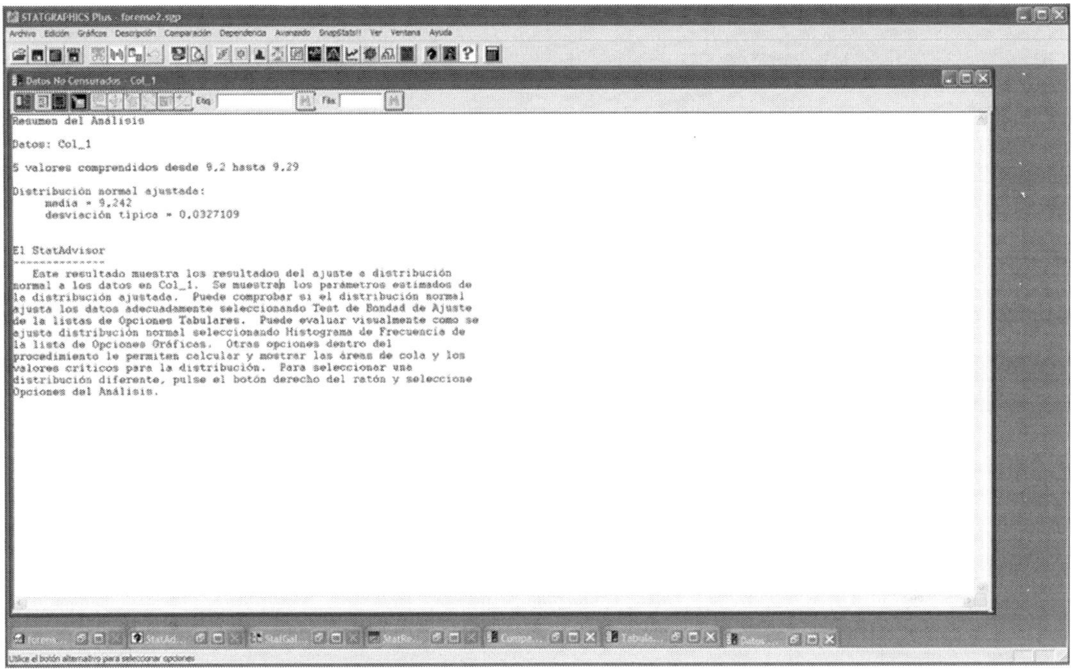
STATGRAPHICS Plus - forense2.sgp
Archivo Edición Gráficos Descripción Comparación Dependencia Avanzado SnapStats!! Ver Ventana Ayuda
Datos No Censurados - Col_1
Resumen del Análisis
Datos: Col_1
5 valores comprendidos desde 9,2 hasta 9,29
Distribución normal ajustada:
media = 9,242
desviación típica = 0,0327109
El StatAdvisor
Este resultado muestra los resultados del ajuste a distribución normal a los datos en Col_1. Se muestran los parámetros estimados de la distribución ajustada. Puede comprobar si el distribución normal ajusta los datos adecuadamente seleccionando Test de Bondad de Ajuste de la listas de Opciones Tabulares. Puede evaluar visualmente como se ajusta distribución normal seleccionando Histograma de Frecuencia de la lista de Opciones Gráficas. Otras opciones dentro del procedimiento le permiten calcular y mostrar las áreas de cola y los valores críticos para la distribución. Para seleccionar una distribución diferente, pulse el botón derecho del ratón y seleccione Opciones del Análisis.
Utilice el botón alternativo para seleccionar opciones

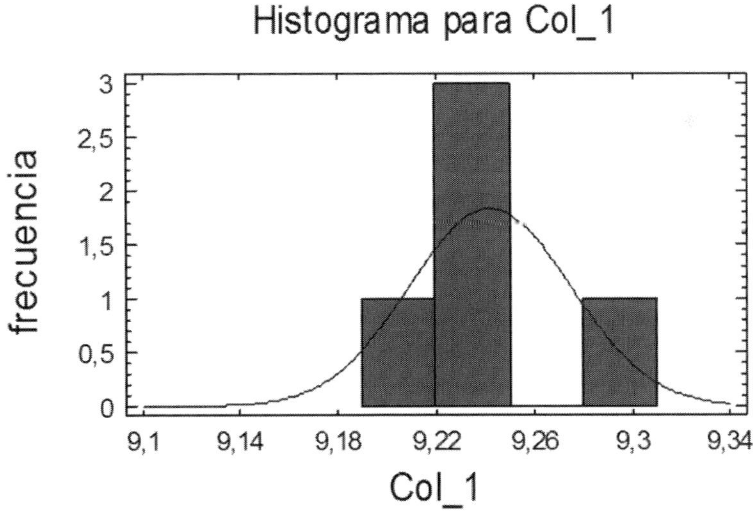
Histograma para Col_1
frecuencia
3
2,5
2
1,5
1
0,5
0
9,1
9,14
9,18
9,22
9,26
9,3
9,34
Col_1

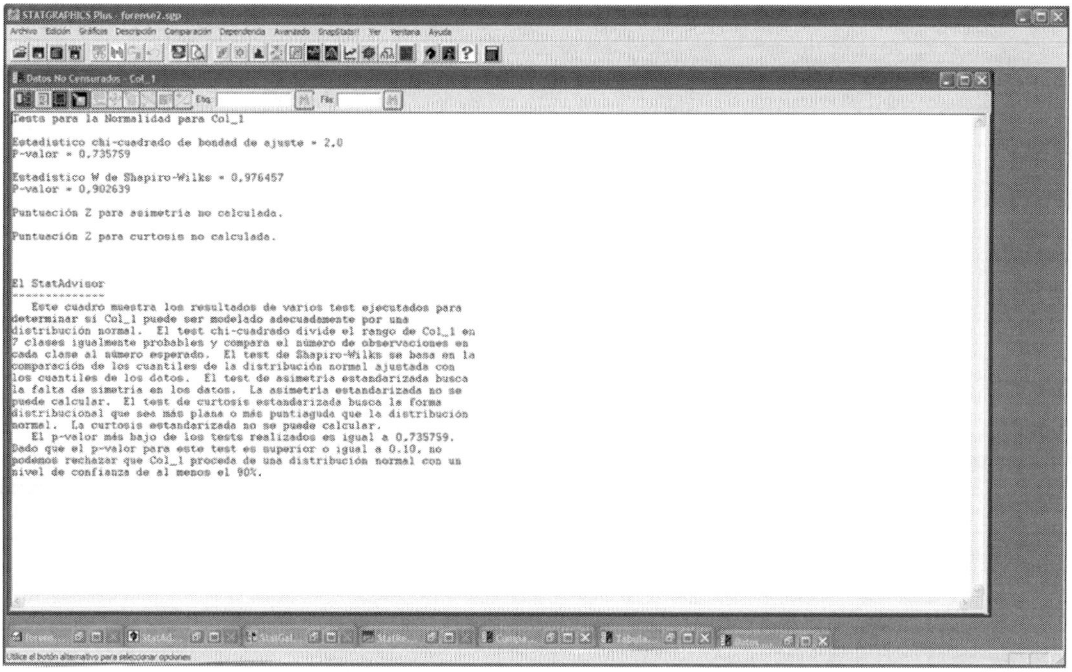

Tests para la Normalidad para Col_1

Estadístico chi-cuadrado de bondad de ajuste = 2,0
P-valor = 0,735759

Estadístico W de Shapiro-Wilks = 0,976457
P-valor = 0,902639

Puntuación Z para asimetría no calculada.

Puntuación Z para curtosis no calculada.

El StatAdvisor

Este cuadro muestra los resultados de varios test ejecutados para determinar si Col_1 puede ser modelado adecuadamente por una distribución normal. El test chi-cuadrado divide el rango de Col_1 en 7 clases igualmente probables y compara el número de observaciones en cada clase al número esperado. El test de Shapiro-Wilks se basa en la comparación de los cuantiles de la distribución normal ajustada con los cuantiles de los datos. El test de asimetría estandarizada busca la falta de simetría en los datos. La asimetría estandarizada no se puede calcular. El test de curtosis estandarizada busca la forma distribucional que sea más plana o más puntiaguda que la distribución normal. La curtosis estandarizada no se puede calcular.

El p-valor más bajo de los tests realizados es igual a 0,735759. Dado que el p-valor para este test es superior o igual a 0.10, no podemos rechazar que Col_1 proceda de una distribución normal con un nivel de confianza de al menos el 90%.

Siguiendo el mismo procedimiento se comprueba que los laboratorios B y C siguen una distribución normal.

d) y e) Para comprobar si difieren los resultados de los laboratorios para los diferentes niveles de confianza, se procede a calcular la tabla ANOVA correspondiente.

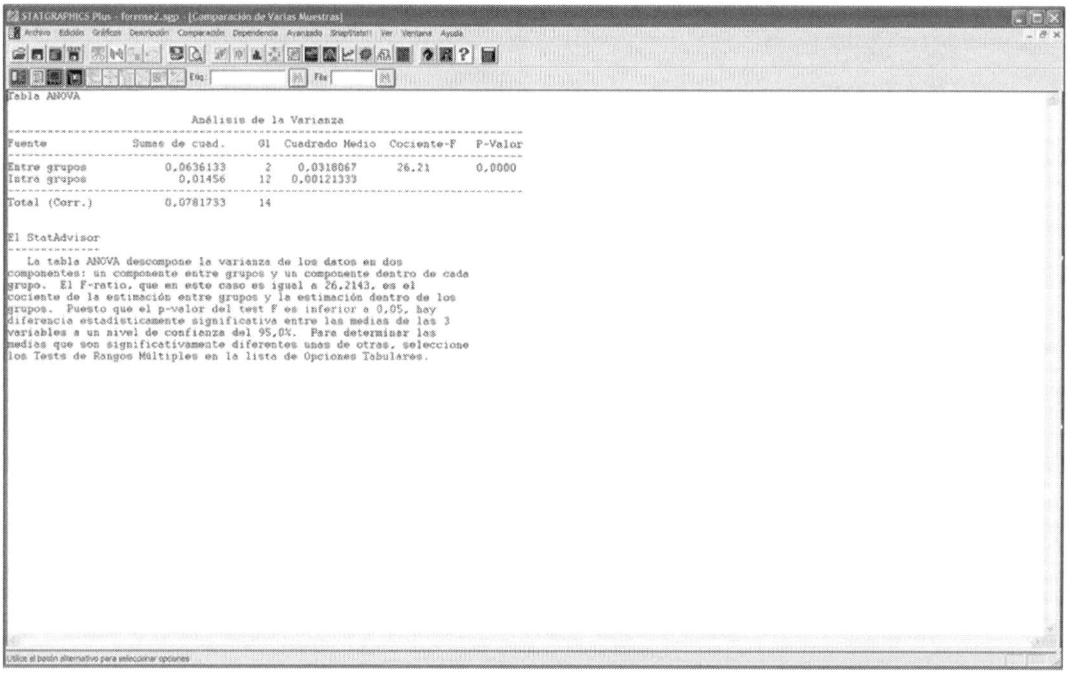

Tabla ANOVA

Análisis de la Varianza

Fuente	Sumas de cuad.	Gl	Cuadrado Medio	Cociente-F	P-Valor
Entre grupos	0,0636133	2	0,0318067	26.21	0,0000
Intra grupos	0,01456	12	0,00121333		
Total (Corr.)	0,0781733	14			

El StatAdvisor

La tabla ANOVA descompone la varianza de los datos en dos componentes: un componente entre grupos y un componente dentro de cada grupo. El F-ratio, que en este caso es igual a 26.2143, es el cociente de la estimación entre grupos y la estimación dentro de los grupos. Puesto que el p-valor del test F es inferior a 0,05, hay diferencia estadísticamente significativa entre las medias de las 3 variables a un nivel de confianza del 95,0%. Para determinar las medias que son significativamente diferentes unas de otras, seleccione los Tests de Rangos Múltiples en la lista de Opciones Tabulares.

Se obtiene el contraste múltiple de rango para saber qué laboratorios difieren.

Para el nivel de confianza del 95%:

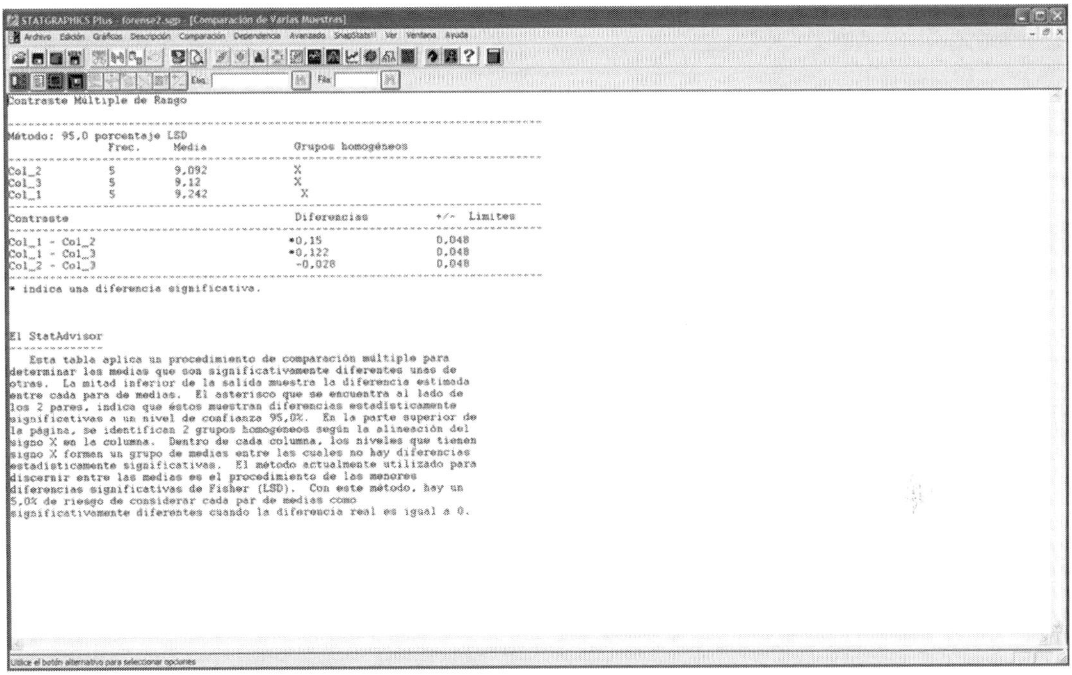

```
STATGRAPHICS Plus - forense2.sgp - [Comparación de Varias Muestras]
Archivo Edición Gráficos Descripción Comparación Dependencia Avanzado SnapStats!! Ver Ventana Ayuda

Contraste Múltiple de Rango

--------------------------------------------------------------------------------
Método: 95,0 porcentaje LSD
                Frec.     Media               Grupos homogéneos
--------------------------------------------------------------------------------
Col_2           5         9,092               X
Col_3           5         9,12                X
Col_1           5         9,242                X
--------------------------------------------------------------------------------
Contraste                                     Diferencias         +/-  Limites
--------------------------------------------------------------------------------
Col_1 - Col_2                                 *0,15               0,048
Col_1 - Col_3                                 *0,122              0,048
Col_2 - Col_3                                  -0,028             0,048
--------------------------------------------------------------------------------
* indica una diferencia significativa.


El StatAdvisor
--------------
   Esta tabla aplica un procedimiento de comparación múltiple para
determinar las medias que son significativamente diferentes unas de
otras.  La mitad inferior de la salida muestra la diferencia estimada
entre cada para de medias.  El asterisco que se encuentra al lado de
los 2 pares, indica que éstos muestran diferencias estadísticamente
significativas a un nivel de confianza 95,0%.  En la parte superior de
la página, se identifican 2 grupos homogéneos según la alineación del
signo X en la columna.  Dentro de cada columna, los niveles que tienen
signo X forman un grupo de medias entre las cuales no hay diferencias
estadísticamente significativas.  El método actualmente utilizado para
discernir entre las medias es el procedimiento de las menores
diferencias significativas de Fisher (LSD).  Con este método, hay un
5,0% de riesgo de considerar cada par de medias como
significativamente diferentes cuando la diferencia real es igual a 0.

Utilice el botón alternativo para seleccionar opciones
```

Para el nivel de confianza del 90%:

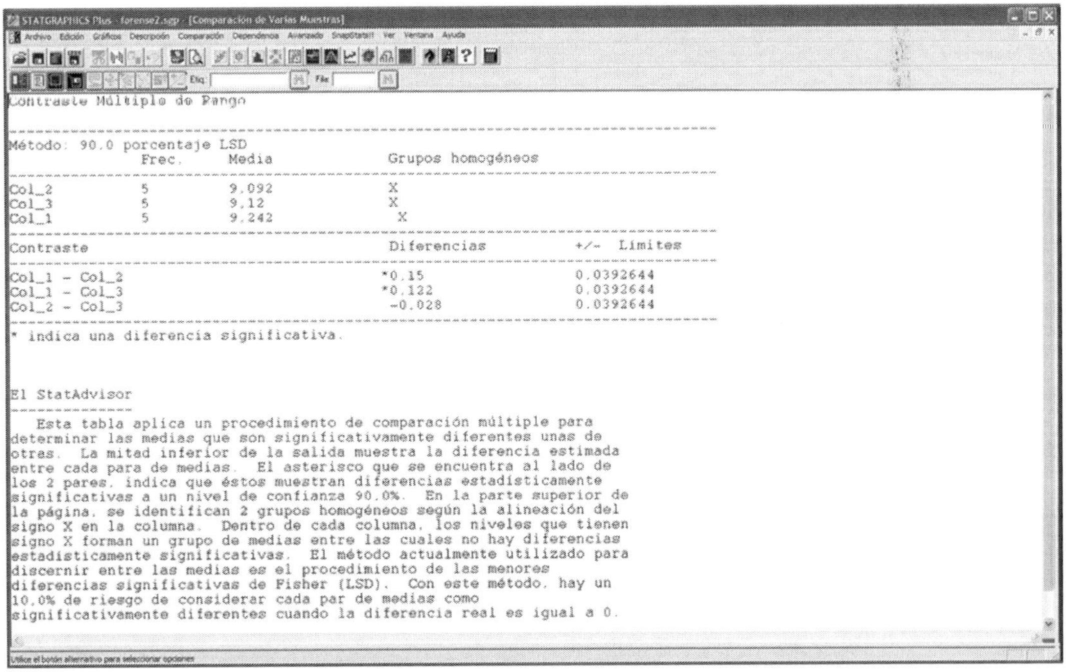

```
STATGRAPHICS Plus - forense2.sgp - [Comparación de Varias Muestras]
Archivo Edición Gráficos Descripción Comparación Dependencia Avanzado SnapStats!! Ver Ventana Ayuda

Contraste Múltiple de Rango

--------------------------------------------------------------------------------
Método: 90.0 porcentaje LSD
                Frec.     Media               Grupos homogéneos
--------------------------------------------------------------------------------
Col_2           5         9.092               X
Col_3           5         9.12                X
Col_1           5         9.242                X
--------------------------------------------------------------------------------
Contraste                                     Diferencias         +/-  Limites
--------------------------------------------------------------------------------
Col_1 - Col_2                                 *0.15               0.0392644
Col_1 - Col_3                                 *0.122              0.0392644
Col_2 - Col_3                                  -0.028             0.0392644
--------------------------------------------------------------------------------
* indica una diferencia significativa.


El StatAdvisor
--------------
   Esta tabla aplica un procedimiento de comparación múltiple para
determinar las medias que son significativamente diferentes unas de
otras.  La mitad inferior de la salida muestra la diferencia estimada
entre cada para de medias.  El asterisco que se encuentra al lado de
los 2 pares, indica que éstos muestran diferencias estadísticamente
significativas a un nivel de confianza 90.0%.  En la parte superior de
la página, se identifican 2 grupos homogéneos según la alineación del
signo X en la columna.  Dentro de cada columna, los niveles que tienen
signo X forman un grupo de medias entre las cuales no hay diferencias
estadísticamente significativas.  El método actualmente utilizado para
discernir entre las medias es el procedimiento de las menores
diferencias significativas de Fisher (LSD).  Con este método, hay un
10.0% de riesgo de considerar cada par de medias como
significativamente diferentes cuando la diferencia real es igual a 0.

Utilice el botón alternativo para seleccionar opciones
```

Para el nivel de confianza del 99%:

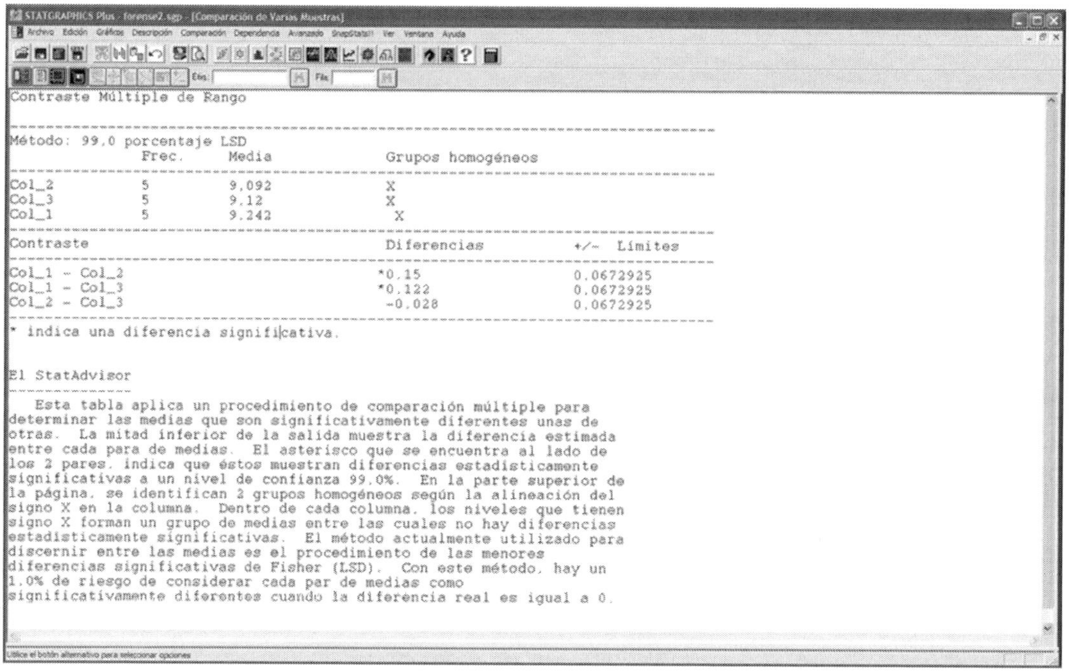

```
Contraste Múltiple de Rango

--------------------------------------------------------------------------------
Método: 99,0 porcentaje LSD
               Frec.     Media              Grupos homogéneos
--------------------------------------------------------------------------------
Col_2          5         9,092              X
Col_3          5         9.12               X
Col_1          5         9.242               X
--------------------------------------------------------------------------------
Contraste                                   Diferencias         +/-  Límites
--------------------------------------------------------------------------------
Col_1 - Col_2                               *0.15               0,0672925
Col_1 - Col_3                               *0.122              0,0672925
Col_2 - Col_3                                -0.028             0,0672925
--------------------------------------------------------------------------------
* indica una diferencia significativa.

El StatAdvisor
--------------
   Esta tabla aplica un procedimiento de comparación múltiple para
determinar las medias que son significativamente diferentes unas de
otras.  La mitad inferior de la salida muestra la diferencia estimada
entre cada para de medias.  El asterisco que se encuentra al lado de
los 2 pares. indica que éstos muestran diferencias estadisticamente
significativas a un nivel de confianza 99,0%.  En la parte superior de
la página. se identifican 2 grupos homogéneos según la alineación del
signo X en la columna.  Dentro de cada columna. los niveles que tienen
signo X forman un grupo de medias entre las cuales no hay diferencias
estadisticamente significativas.  El método actualmente utilizado para
discernir entre las medias es el procedimiento de las menores
diferencias significativas de Fisher (LSD).  Con este método. hay un
1.0% de riesgo de considerar cada par de medias como
significativamente diferentes cuando la diferencia real es igual a 0.
```

Como puede observarse en las tres ventanas anteriores, el laboratorio A difiere de los otros dos para los tres niveles de confianza estudiados.

4.12.- (D) Para investigar el contenido en calcio de un yogur se analizan tres lotes diferentes, encontrándose los siguientes resultados para siete determinaciones, expresados en $\mu g\ g^{-1}$:

Lote 1	Lote 2	Lote 3
55,21	54,43	54,96
54,89	54,66	55,64
55,32	55,81	56,10
56,00	55,38	55,35
54,59	54,95	54,71
54,95	55,83	55,22
55,40	55,02	55,45

a) ¿Qué conjunto de resultados presenta mayor precisión?

b) ¿Ofrecen resultados estadísticamente iguales las tres series de medidas? (Utilizar un nivel de confianza del 95%).

a) Se comprueba en primer lugar que se trata de distribuciones normales y que las varianzas no son muy diferentes, tal como se procedió en el ejercicio 4.11.

En la resolución de este apartado se utiliza el programa Statgraphics. Para ello se introducen los datos en la hoja de cálculo, se selecciona el icono "StatWizard"; a continuación "seleccionar de la lista", "comparar varias columnas de datos" y "aceptar". Seguidamente "columna de datos múltiples" y "aceptar". Después marcar cada una de las columnas y pinchar "muestras", y cuando estén todas, "aceptar". Eligiendo en el icono "opciones tabulares", "resumen estadístico" y "aceptar", se obtienen los siguientes resultados:

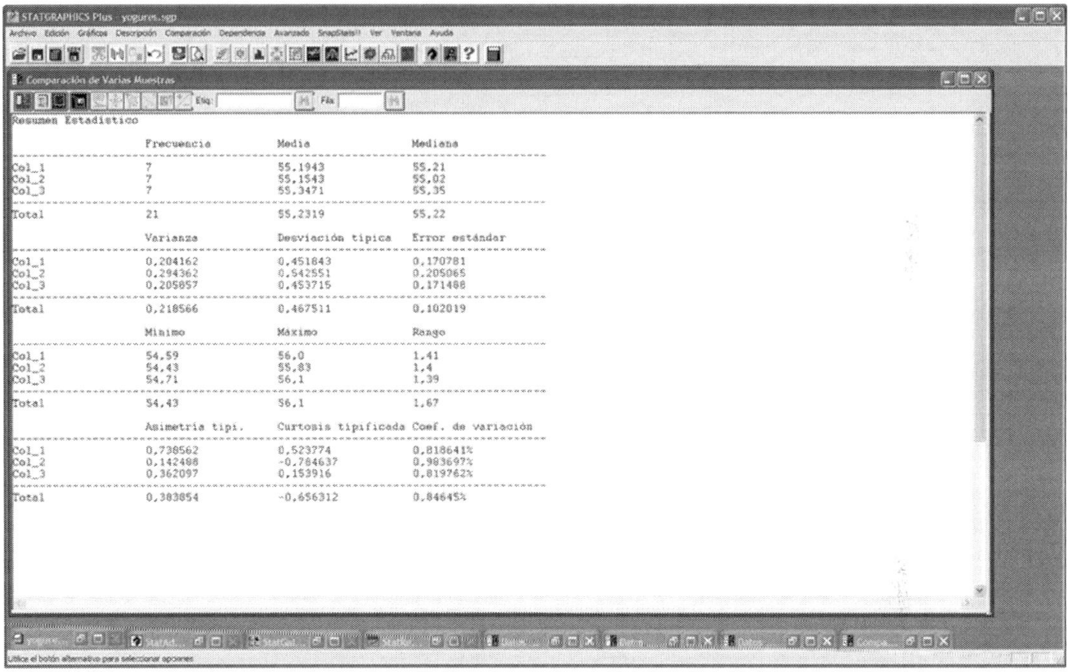

	Frecuencia	Media	Mediana
Col_1	7	55.1943	55.21
Col_2	7	55,1543	55,02
Col_3	7	55,3471	55,35
Total	21	55,2319	55,22
	Varianza	**Desviación típica**	**Error estándar**
Col_1	0,204162	0,451843	0,170781
Col_2	0,294362	0,542551	0,205065
Col_3	0,205857	0,453715	0,171488
Total	0,218566	0,467511	0,102019
	Mínimo	**Máximo**	**Rango**
Col_1	54,59	56,0	1,41
Col_2	54,43	55,83	1,4
Col_3	54,71	56,1	1,39
Total	54,43	56,1	1,67
	Asimetría tipi.	**Curtosis tipificada**	**Coef. de variación**
Col_1	0,738562	0,523774	0,818641%
Col_2	0,142488	-0,784637	0,983697%
Col_3	0,362097	0,153916	0,819762%
Total	0,383854	-0,656312	0,84645%

Dado que el menor valor de la desviación típica es el del lote 1, éste presentará una mayor precisión.

b) Para la resolución de este apartado se utiliza el programa Statgraphics. En primer lugar se introducen los datos en la hoja de cálculo, se selecciona el icono "StatWizard"; a continuación "seleccionar de la lista", "comparar varias columnas de datos" y "aceptar". Seguidamente "columna de datos múltiples" y "aceptar". Después marcar cada una de las columnas y pinchar "muestras", y cuando estén todas, "aceptar". Eligiendo en el icono "opciones tabulares", "contraste de varianza" y "aceptar", se obtienen los siguientes resultados:

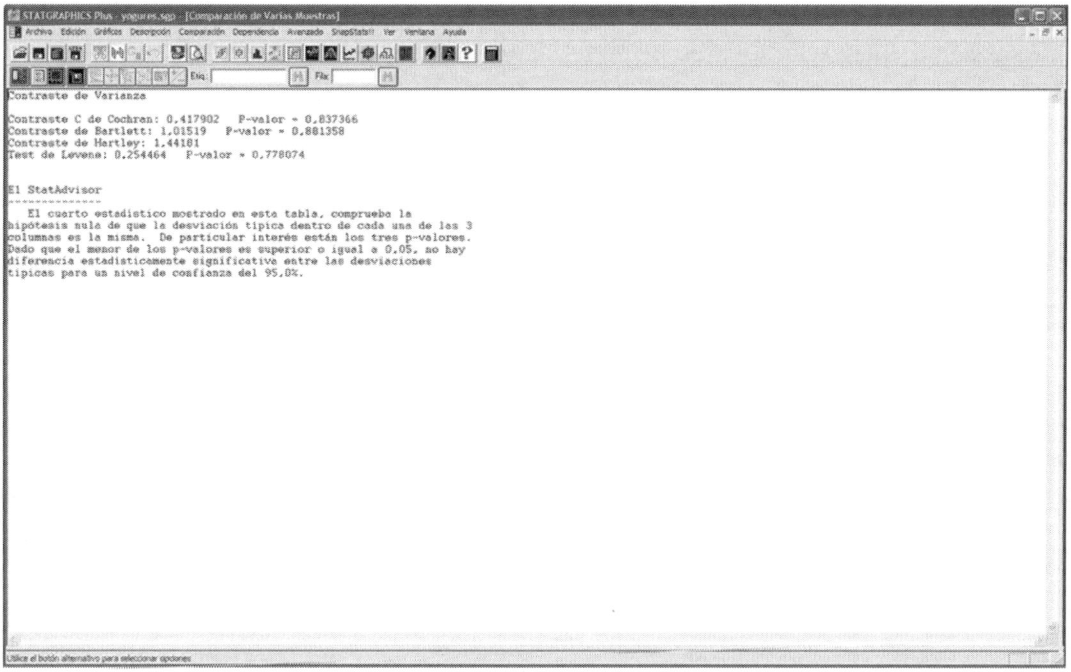

Una vez realizados los tests que aplica el programa, se concluye que los resultados obtenidos son estadísticamente iguales en los tres lotes de yogures.

4.13.- (D) Cinco laboratorios participan en un estudio para la determinación de la concentración de plomo en muestras de agua. Los resultados, obtenidos para réplicas de cada muestra analizada en los laboratorios, se expresan en ppm y se relacionan en la tabla siguiente:

Réplica	Lab. A	Lab. B	Lab. C	Lab. D	Lab. E
1	9,8	9,5	10,1	9,2	10,6
2	11,4	9,6	10,4	9,3	10,5
3	10,3	9,9	10,0	8,6	11,1

a) Establecer las hipótesis adecuadas.

b) Indicar si los laboratorios difieren en los niveles de confianza del 95%, 99% (F_{tab} = 5,99) y 99,9% (F_{tab} = 11,28).

c) ¿Qué laboratorios difieren de los otros para el nivel de confianza del 95%?

Resolver el ejercicio de dos maneras:

1) haciendo los cálculos mediante calculadora de bolsillo (manualmente), y

2) utilizando el programa Statgraphics.

1)

a) H_0: $\mu_{LabA} = \mu_{LabB} = \mu_{LabC} = \mu_{LabD} = \mu_{LabE}$

H_a: al menos dos de las medias difieren

b) $K = 5$; $N = 15$

$$\bar{x}_A = 10{,}5\,;\ \bar{x}_B = 9{,}67\,;\ \bar{x}_C = 10{,}17\,;\ \bar{x}_D = 9{,}03\,;\ \bar{x}_E = 10{,}73$$

$$\bar{\bar{x}} = \frac{3}{15}(10{,}5 + 9{,}67 + 10{,}17 + 9{,}03 + 10{,}73) = 10{,}02$$

$$SS_{lab} = \sum_{k=1}^{K} n_k \left(\bar{x}_k - \bar{\bar{x}}\right)^2$$

$$SS_{lab} = 3(10{,}5 - 10{,}02)^2 + \ldots\ldots\ldots + 3(10{,}73 - 10{,}02)^2 = 5{,}5788$$

$$SS_R = \sum_{k=1}^{K}\sum_{j=1}^{n_k}\left(x_{kj} - \bar{x}_k\right)^2$$

Las desviaciones estándar respectivas son:
$s_A = 0{,}818$; $s_B = 0{,}208$; $s_C = 0{,}208$; $s_D = 0{,}379$; $s_E = 0{,}321$

$$SS_R = 2(0{,}818)^2 + 2\,(0{,}208)^2 + \ldots\ldots\ldots\ldots + 2(0{,}321)^2 = 2{,}0043$$

$$SS_T = \sum_{k=1}^{K}\sum_{j=1}^{n_k}\left(x_{kj} - \bar{\bar{x}}\right)^2 = SS_R + SS_{lab}$$

$$SS_T = 2{,}0043 + 5{,}5788 = 7{,}5831$$

$$MS_{lab} = \frac{SS_{lab}}{K - 1}$$

$$MS_{lab} = \frac{5{,}5788}{5 - 1} = 1{,}3947$$

$$MS_R = \frac{SS_R}{N - K}$$

$$MS_R = \frac{2{,}0043}{15 - 5} = 0{,}2004$$

$$F = \frac{MS_{lab}}{MS_R} = \frac{1{,}3947}{0{,}2004} = 6{,}96$$

$$MS_T = \frac{SS_T}{N-1}$$

$$MS_T = \frac{7,5831}{15-1} = 0,5416$$

A partir de los cálculos anteriores se obtiene la siguiente tabla ANOVA:

Fuente	Suma de cuadrados	Grados de libertad	Varianza	F_{cal}
Entre laboratorios	5,5788	4	1,3947	
En un laboratorio	2,0043	10	0,2004	6,96
Total	7,5831	14	0,5416	

$F_{0,05,4,10}$ = 3,48 (Obtenido a partir de la tabla valores críticos de F para un nivel de probabilidad del 95%) < F_{cal} = 6,96, por lo que se concluye que los laboratorios difieren para un nivel de confianza del 95%.

Para un nivel del 99% se verifica que F_{tab} = 5,99 < F_{cal} = 6,96, por lo que se concluye que los laboratorios también difieren para un nivel de confianza del 99%.

En cambio para un nivel del 99,9% se observa que F_{tab} = 11,28 > F_{cal} = 6,96, por lo que en este caso se concluye que los laboratorios no difieren para un nivel de confianza del 99,9%.

c) Para saber cuáles son los laboratorios que difieren de los otros aplicamos el ensayo de la "diferencia significativa menor" (*DSM*).

Primero se ordenan las medias de las réplicas de cada laboratorio en orden creciente:

Media (ppm):	9,03	9,67	10,17	10,50	10,73
Laboratorio:	D	B	C	A	E

Teniendo en cuenta que en cada laboratorio se llevó a cabo el mismo número de determinaciones (tres), se utiliza la ecuación vista en la página 119 para el cálculo de DSM. Además se obtiene en la tabla correspondiente un valor de t de Student de 2,23 para el nivel de confianza del 95% y con 10 grados de libertad ($N - K = 15 - 5 = 10$). Aplicando la ecuación citada resulta:

$$DSM = t\sqrt{\frac{2\,MS_R}{n}} \qquad DSM = 2,23\sqrt{\frac{2 \cdot 0,2004}{3}} = 0,815$$

A continuación se calculan las diferencias entre las medias y se comparan con el valor de la DSM: 0,815. Así por parejas se obtiene:

$\bar{x}_{máxima} - \bar{x}_{mínima}$ = 10,73 – 9,03 = 1,70 > 0,815 (diferencia significativa)

$\bar{x}_{2^a mayor} - \bar{x}_{mínima} = 10{,}50 - 9{,}03 = 1{,}47 > 0{,}815$ (diferencia significativa)

$\bar{x}_{3^a mayor} - \bar{x}_{mínima} = 10{,}17 - 9{,}03 = 1{,}14 > 0{,}815$ (diferencia significativa)

$\bar{x}_{4^a mayor} - \bar{x}_{mínima} = 9{,}67 - 9{,}03 = 0{,}64 < 0{,}815$ (diferencia no significativa)

$\bar{x}_{máxima} - \bar{x}_{4^a mayor} = 10{,}73 - 9{,}67 = 1{,}06 > 0{,}815$ (diferencia significativa)

$\bar{x}_{2^a mayor} - \bar{x}_{4^a mayor} = 10{,}50 - 9{,}67 = 0{,}83 > 0{,}815$ (diferencia significativa)

$\bar{x}_{3^a mayor} - \bar{x}_{4^a mayor} = 10{,}17 - 9{,}67 = 0{,}50 < 0{,}815$ (diferencia no significativa)

$\bar{x}_{máxima} - \bar{x}_{3^a mayor} = 10{,}73 - 10{,}17 = 0{,}56 < 0{,}815$ (diferencia no significativa)

$\bar{x}_{2^a mayor} - \bar{x}_{3^a mayor} = 10{,}50 - 10{,}17 = 0{,}33 < 0{,}815$ (diferencia no significativa)

$\bar{x}_{máxima} - \bar{x}_{2^a mayor} = 10{,}73 - 10{,}50 = 0{,}23 < 0{,}815$ (diferencia no significativa)

Finalmente se concluye que:
Los laboratorios A, C y E difieren del D, pero no el B.
Los laboratorios A y E difieren del B, pero no el C.
No existen diferencias significativas entre los laboratorios A y E.

2) a) H_0: $\mu_{LabA} = \mu_{LabB} = \mu_{LabC} = \mu_{LabD} = \mu_{LabE}$
H_a: al menos dos de las medias difieren.

b)

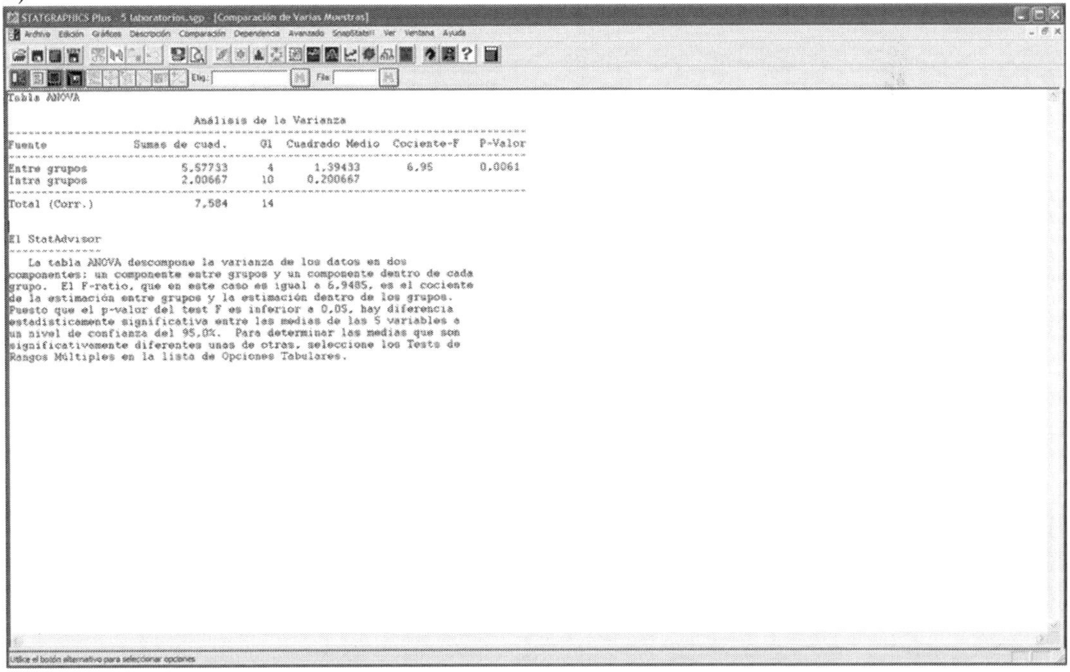

Tabla ANOVA

Análisis de la Varianza

Fuente	Sumas de cuad.	Gl	Cuadrado Medio	Cociente-F	P-Valor
Entre grupos	5,57733	4	1,39433	6,95	0,0061
Intra grupos	2,00667	10	0,200667		
Total (Corr.)	7,584	14			

El StatAdvisor

La tabla ANOVA descompone la varianza de los datos en dos componentes: un componente entre grupos y un componente dentro de cada grupo. El F-ratio, que en este caso es igual a 6,9485, es el cociente de la estimación entre grupos y la estimación dentro de los grupos. Puesto que el p-valor del test F es inferior a 0,05, hay diferencia estadisticamente significativa entre las medias de las 5 variables a un nivel de confianza del 95,0%. Para determinar las medias que son significativamente diferentes unas de otras, seleccione los Tests de Rangos Múltiples en la lista de Opciones Tabulares.

Para realizar el cambio del nivel de confianza del 95% (que es el que se obtiene por defecto en este programa) al 99%, nos situamos en la ventana de "contraste múltiple de rango", pulsando el botón derecho del ratón aparece la pantalla de "opciones de ventana" y en la ventana de "opciones contraste múltiple de rango", se cambia el nivel de confianza del 95% al 99%, se pulsa "aceptar" y situándonos sobre la tabla ANOVA, se va al icono StatAdvisor, y se obtienen los resultados para ese nivel de confianza.

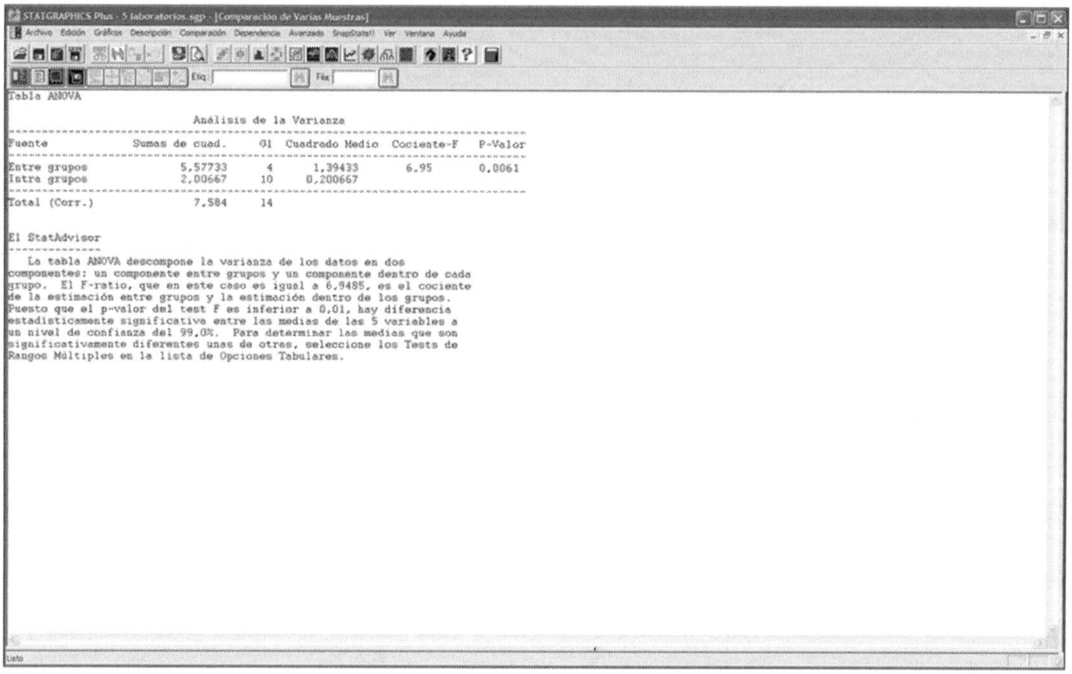

Procediendo de la misma forma se obtienen los resultados para el nivel de confianza del 99,9%.

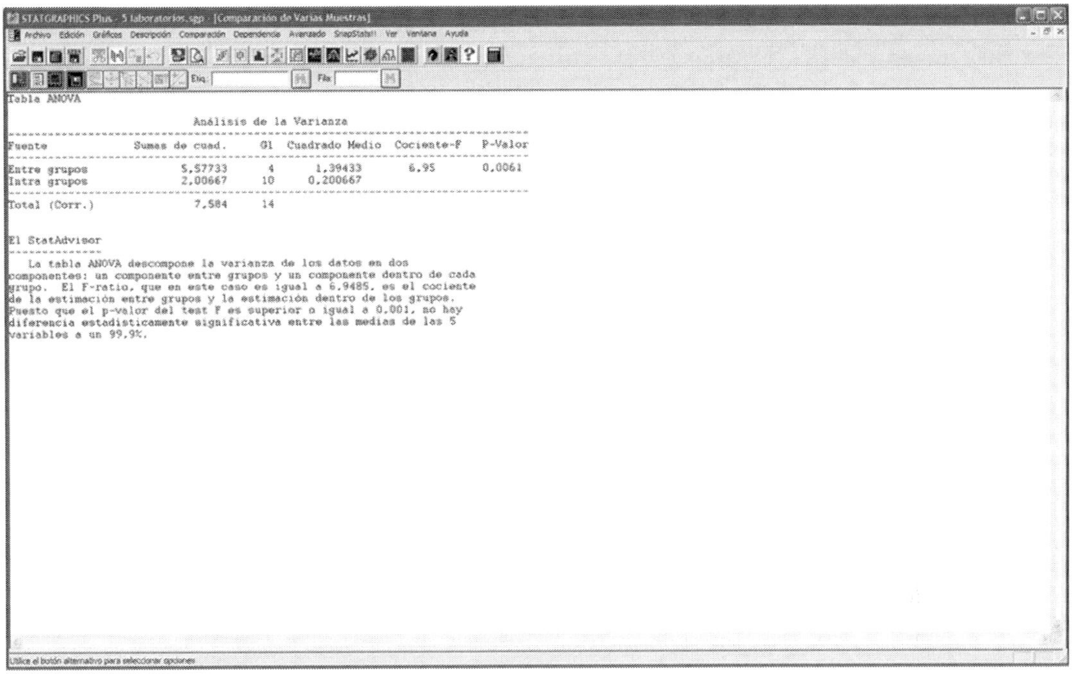

Tabla ANOVA

Análisis de la Varianza

Fuente	Sumas de cuad.	Gl	Cuadrado Medio	Cociente-F	P-Valor
Entre grupos	5,57733	4	1,39433	6,95	0,0061
Intra grupos	2,00667	10	0,200667		
Total (Corr.)	7,584	14			

El StatAdvisor

La tabla ANOVA descompone la varianza de los datos en dos componentes: un componente entre grupos y un componente dentro de cada grupo. El F-ratio, que en este caso es igual a 6,9485, es el cociente de la estimación entre grupos y la estimación dentro de los grupos. Puesto que el p-valor del test F es superior o igual a 0,001, no hay diferencia estadísticamente significativa entre las medias de las 5 variables a un 99,9%.

c) Para saber qué laboratorios difieren de los otros se utiliza el "contraste múltiple de rango" como se explica en el punto 5 del apartado "análisis de la varianza (ANOVA)" de "utilización del programa Statgraphics".

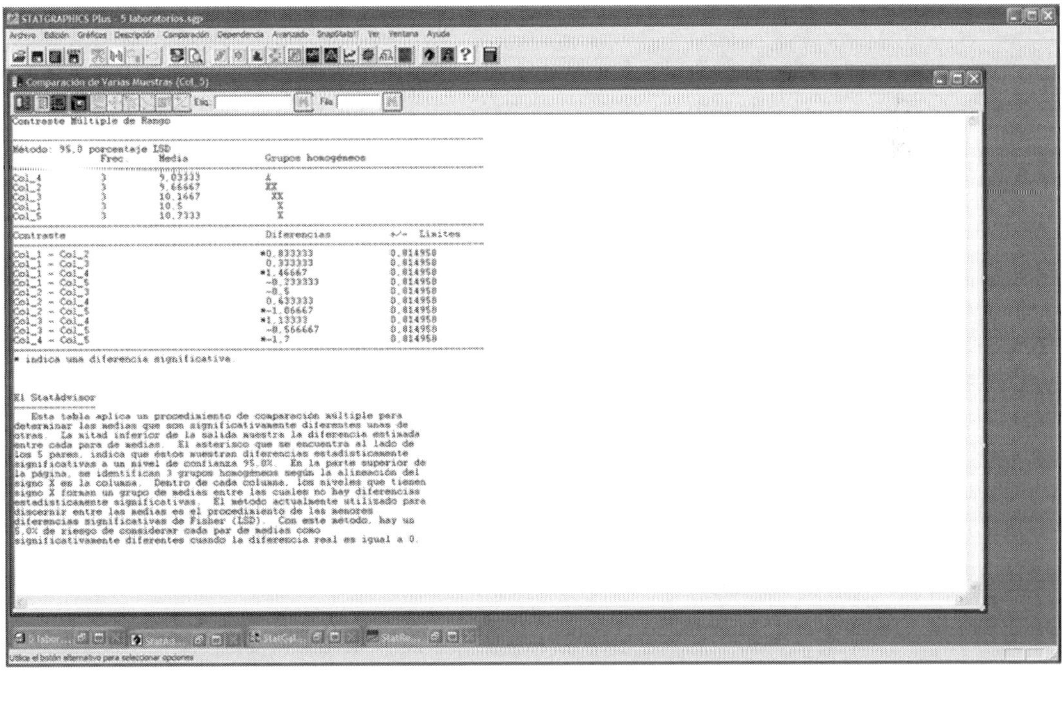

Contraste Múltiple de Rango

Método: 95,0 porcentaje LSD

	Frec.	Media	Grupos homogéneos
Col_4	3	9,03333	X
Col_2	3	9,66667	XX
Col_3	3	10,1667	XX
Col_1	3	10,5	X
Col_5	3	10,7333	X

Contraste	Diferencias	+/- Límites
Col_1 - Col_2	*0,833333	0,814958
Col_1 - Col_3	0,333333	0,814958
Col_1 - Col_4	*1,46667	0,814958
Col_1 - Col_5	-0,233333	0,814958
Col_2 - Col_3	-0,5	0,814958
Col_2 - Col_4	0,633333	0,814958
Col_2 - Col_5	*-1,06667	0,814958
Col_3 - Col_4	*1,13333	0,814958
Col_3 - Col_5	-0,566667	0,814958
Col_4 - Col_5	*-1,7	0,814958

* indica una diferencia significativa.

El StatAdvisor

Esta tabla aplica un procedimiento de comparación múltiple para determinar las medias que son significativamente diferentes unas de otras. La mitad inferior de la salida muestra la diferencia estimada entre cada para de medias. El asterisco que se encuentra al lado de los 5 pares, indica que éstos muestran diferencias estadísticamente significativas a un nivel de confianza 95,0%. En la parte superior de la página, se identifican 3 grupos homogéneos según la alineación del signo X en la columna. Dentro de cada columna, los niveles que tienen signo X forman un grupo de medias entre las cuales no hay diferencias estadísticamente significativas. El método actualmente utilizado para discernir entre las medias es el procedimiento de las menores diferencias significativas de Fisher (LSD). Con este método, hay un 5,0% de riesgo de considerar cada par de medias como significativamente diferentes cuando la diferencia real es igual a 0.

Finalmente se concluye que el laboratorio A difiere del B y del D, el laboratorio E difiere del B y del D, el laboratorio C difiere del D y los únicos laboratorios en los que no existen diferencias significativas son el A y el E.

4.14.- (D) Se midió la concentración de ácido ascórbico en una muestra de cada una de cinco marcas distintas de jugo de naranja, analizándose seis réplicas de cada muestra, y se obtuvieron los siguientes datos correspondientes a una tabla ANOVA incompleta:

Fuente	Suma de cuadrados	Grados de libertad	Varianza	F_{cal}
Entre marcas	-	-	-	8,45
En una marca	-	-	0,913	
Total	-	-		

a) Completar la tabla ANOVA
b) Establecer las hipótesis nula y alternativa.
c) ¿Existe diferencia en el contenido de ácido ascórbico de las cinco marcas para el nivel de confianza del 95%?

a) A partir de los datos de la tabla ANOVA del enunciado se determinan los que faltan para completarla.

$SS_{marc.}$ (suma de los cuadrados debidos al factor), se relaciona con $K - 1$ $(5 - 1 = 4)$ grados de libertad
SS_R (suma de los cuadrados debidos al error), se relaciona con $N - K$ $(30 - 5 = 25)$ grados de libertad
SS_T (suma de los cuadrados total)
MS_R (cuadrado medio del error)
MS_{marc} (cuadrado medio debido a niveles del factor)

$$F = \frac{MS_{marc}}{MS_R} = \frac{MS_{marc}}{0{,}913} = 8{,}45 \qquad MS_{\text{marc}} = 7{,}715$$

$$MS_R = \frac{SS_R}{N-K} = \frac{SS_R}{30-5} = 0{,}913 \qquad SS_{\text{R}} = 25 \cdot 0{,}913 = 22{,}83$$

$$MS_{marc} = \frac{SS_{marc}}{K-1} = \frac{SS_{marc}}{5-1} = 7{,}715 \qquad SS_{\text{marc}} = 4 \cdot 7{,}715 = 30{,}86$$

$$SS_{\text{T}} = SS_{\text{R}} + SS_{\text{marc}} = 22{,}83 + 30{,}86 = 53{,}69$$

$$MS_T = \frac{SS_T}{N-1} = \frac{53{,}69}{30-1} = 1{,}851$$

La tabla ANOVA completa es la siguiente:

Fuente	Suma de cuadrados	Grados de libertad	Varianza	F_{cal}
Entre marcas	30,86	4	7,715	8,45
En una marca	22,83	25	0,913	
Total	53,69	29	1,851	

b) H_0: $\mu_{marca1} = \mu_{marca2} = \mu_{marca3} = \mu_{marca4} = \mu_{marca5}$
H_a: al menos dos de las medias de las marcas difieren entre sí

c) F_{tab} (95%, 4 y 25 grados de libertad) = valor comprendido entre 2,37 y 2,87
$F_{cal} = 8,45$

Como $F_{cal} > F_{tab}$ se deduce que se rechaza H_0 y las cinco marcas difieren en su contenido de ácido ascórbico para el nivel de confianza del 95%.

4.15.- (M) Se realiza la comparación de las medidas tomadas por cuatro detectores de emisiones de gas radón para averiguar si difieren significativamente. Los resultados siguientes corresponden a las emisiones relativas obtenidas para cuatro medidas en Bq m^{-3}:

Medida nº	**Detector 1**	**Detector 2**	**Detector 3**	**Detector 4**
1	**72**	**93**	**96**	**100**
2	**93**	**88**	**95**	**84**
3	**76**	**97**	**79**	**91**
4	**90**	**74**	**82**	**94**

a) Calcular la tabla ANOVA correspondiente.
b) Establecer las hipótesis apropiadas.
c) ¿Difieren las medidas de los detectores en el nivel de confianza del 95%?
d) Si se identificaron diferencias en el apartado anterior, ¿qué detectores diferirían entre sí en el nivel de confianza del 95%?

a) Procediendo como se explica en el apartado "análisis de la varianza (ANOVA)" de "utilización del programa Statgraphics" se obtiene la siguiente ventana:

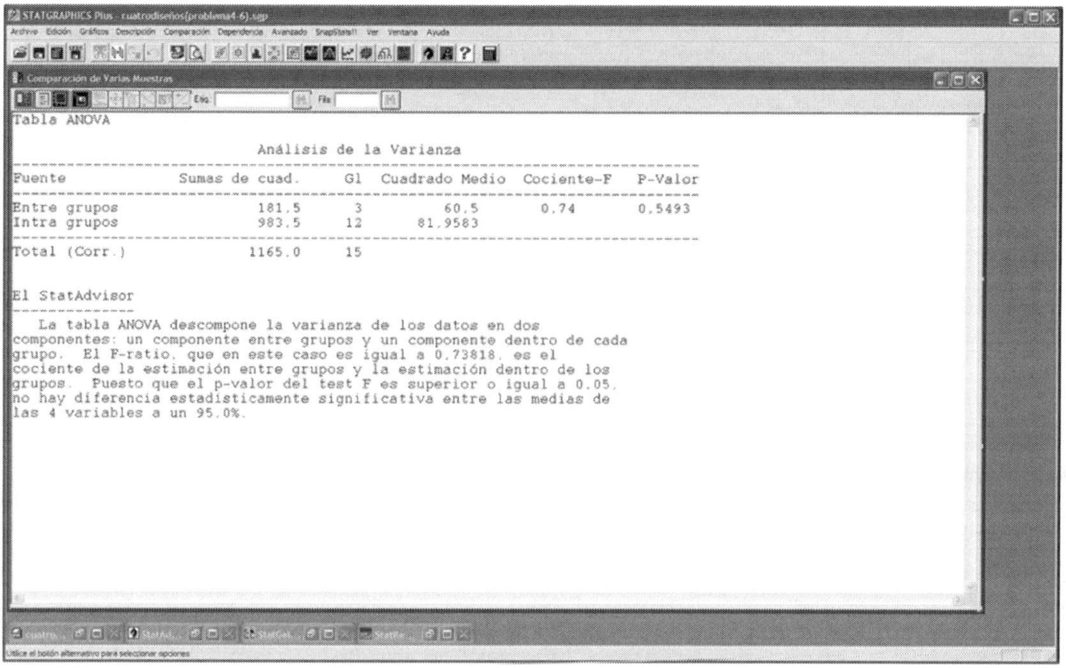

Tabla ANOVA

Análisis de la Varianza

Fuente	Sumas de cuad.	Gl	Cuadrado Medio	Cociente-F	P-Valor
Entre grupos	181.5	3	60.5	0.74	0.5493
Intra grupos	983.5	12	81.9583		
Total (Corr.)	1165.0	15			

El StatAdvisor

La tabla ANOVA descompone la varianza de los datos en dos componentes: un componente entre grupos y un componente dentro de cada grupo. El F-ratio, que en este caso es igual a 0.73818, es el cociente de la estimación entre grupos y la estimación dentro de los grupos. Puesto que el p-valor del test F es superior o igual a 0.05, no hay diferencia estadísticamente significativa entre las medias de las 4 variables a un 95.0%.

b) H_0: $\mu_{detector1} = \mu_{detector2} = \mu_{detector3} = \mu_{detector4}$
H_a: al menos dos de las medias de los detectores difieren entre sí.

c) y d) Para saber qué detectores difieren de los otros utilizaremos el "contraste múltiple de rango" como se explica en el punto 5 del apartado "análisis de la varianza (ANOVA)" de "utilización del programa Statgraphics".

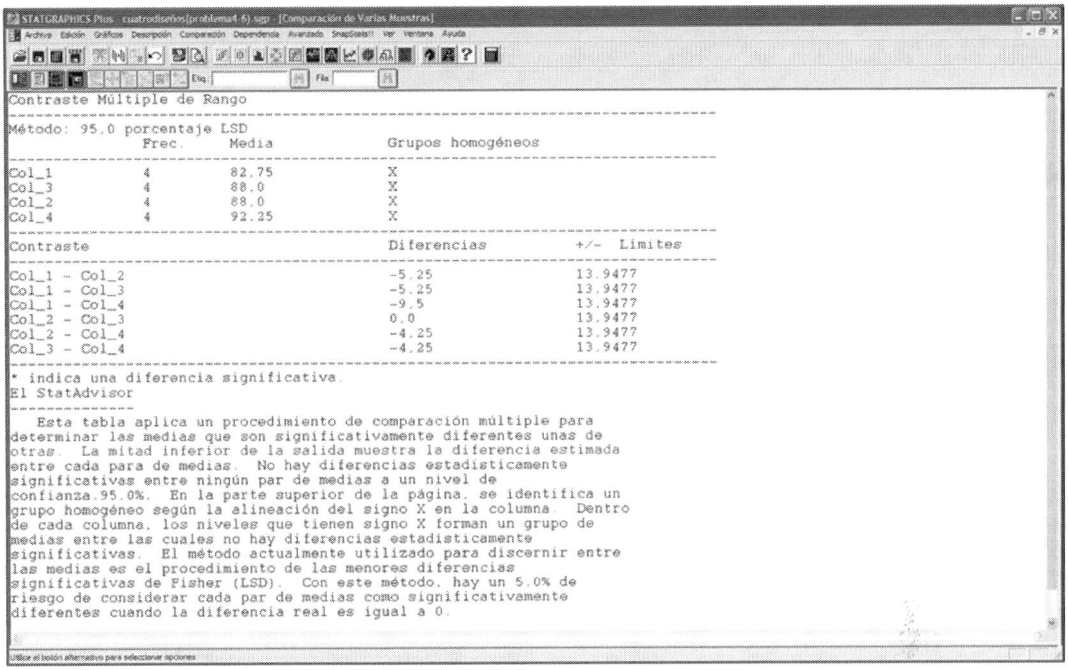

Dada la alineación del signo *X* de grupos homogéneos se observa que no difieren los detectores en el nivel de confianza del 95%.

4.16.- (M) Se comparan tres procedimientos analíticos diferentes para determinar magnesio, interesando saber si difieren o no. Los resultados recogidos en la tabla corresponden a la concentración de magnesio (en ppm) analizado en varias partes alícuotas de una muestra por espectrofotometría ultravioleta/visible, valoración con AEDT y espectrofotometría de absorción atómica:

Réplica	Espectrof. UV/VIS	Valorac. AEDT	Espectrof. A.A.
1	3,92	2,99	4,40
2	3,28	2,87	4,92
3	4,18	2,17	3,51
4	3,53	3,40	3,97
5	3,35	3,92	4,59

a) Expresar las hipótesis nula y alternativa.

b) Determinar si existen diferencias entre los tres métodos a los niveles de confianza del 95 y 99%.

c) Si se identifica alguna diferencia en el nivel de confianza del 95%, determinar que métodos difieren entre sí.

a) H_0: $\mu_{UV/VIS} = \mu_{Val\ AEDT} = \mu_{AA}$

H_a: al menos dos de las medias difieren

b) Utilizando el programa Statgraphics para el cálculo de la tabla ANOVA, se obtienen las siguientes ventanas:

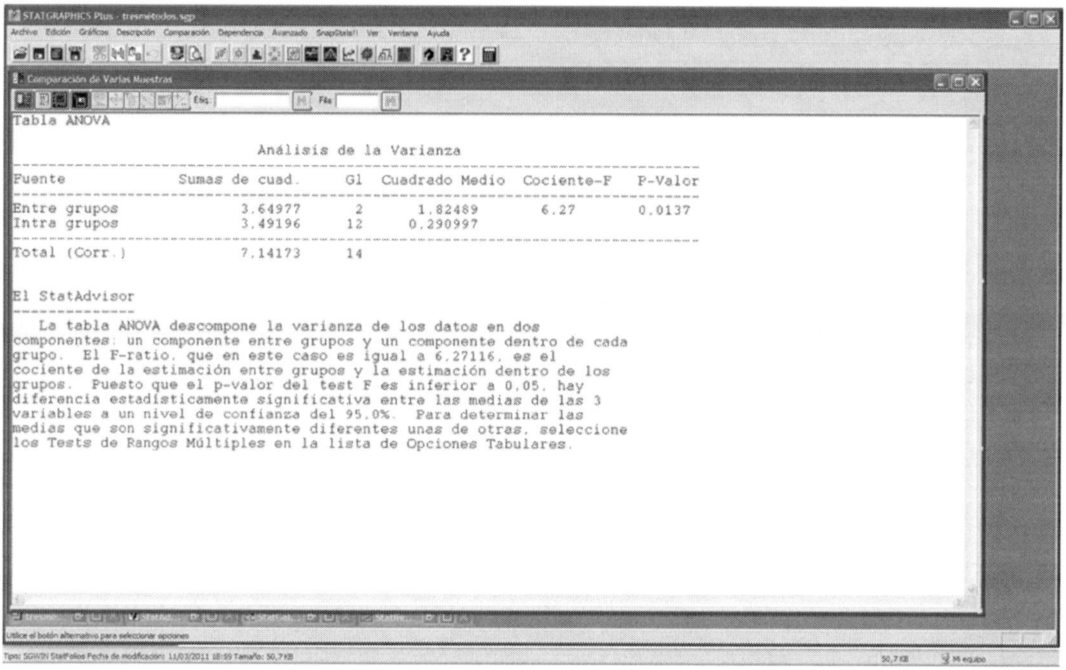

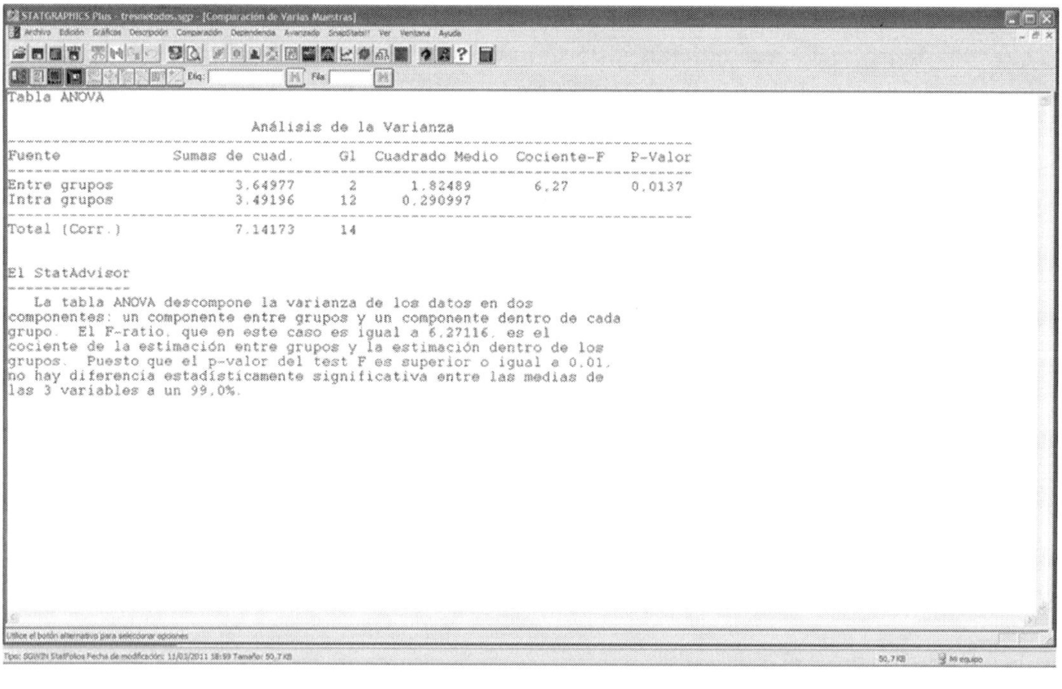

c) Procediendo según indica el punto 5 del apartado “análisis de la varianza (ANOVA)” de la “utilización del programa Statgraphics”, se obtiene:

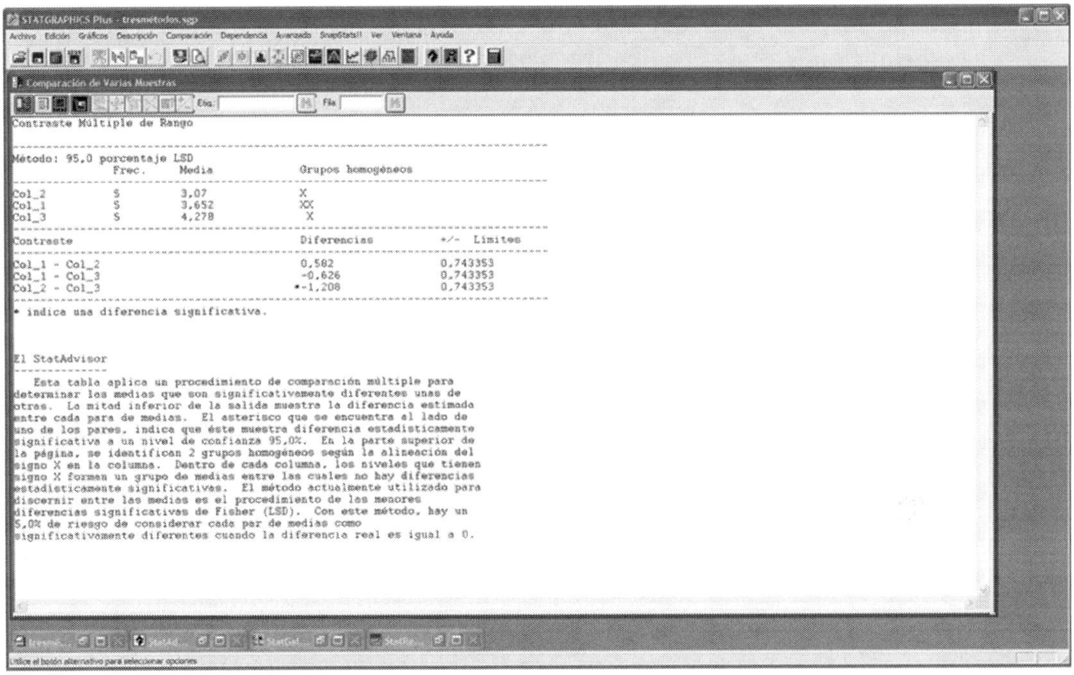

A partir de los resultados recogidos en la pantalla anterior se deduce que difieren entre sí los métodos: valoración con AEDT (Col_2) y espectrofotometría de absorción atómica (Col_3).

4.17.- (F) En un laboratorio analítico se obtuvo la recta de calibrado para un método de determinación de Cr(III) con AMEDT mediante espectrofotometría derivada. Por ello, se preparan 22 disoluciones de distintas concentraciones del catión y se leen los valores de *h* (parámetro medido). Los datos obtenidos son los siguientes:

[Cr (III)] (mg mL^{-1})	*h*	[Cr (III)] (mg mL^{-1})	*h*
0,20	0,002	1,40	0,201
0,30	0,008	1,60	0,233
0,40	0,023	1,80	0,272
0,50	0,041	2,00	0,307
0,60	0,058	2,20	0,345
0,70	0,073	2,40	0,383
0,80	0,092	2,60	0,418
0,90	0,107	2,80	0,446
1,00	0,124	3,00	0,483
1,10	0,144	3,20	0,525
1,20	0,162	3,40	0,561

a) A partir de dichos datos, mediante el programa Statgraphics, obtener la recta de calibrado de *h* frente a la [Cr(III)], la ecuación de dicha recta y el valor del coeficiente R^2.

b) Al analizar una disolución patrón de Cr(III) se toman 12 partes alícuotas de la misma y se leen los respectivos valores de *h*, obteniéndose los resultados:

Alícuota	*h*
1	0,127
2	0,127
3	0,127
4	0,122
5	0,128
6	0,128
7	0,122
8	0,126
9	0,124
10	0,124

A partir de estos datos, calcular: frecuencia, media aritmética, mediana, varianza, desviación típica, desviación estándar de la media, coeficiente de variación y límites de confianza de la media y de la desviación típica con un nivel de confianza del 95%.

c) Determinar, a partir de la media aritmética del apartado b), la concentración de Cr(III) en la disolución patrón.

d) Si el valor certificado de [Cr(III)] en la disolución patrón es de 1,00 mg mL^{-1} determinar si existe error sistemático en el resultado de *h* obtenido para una significación del 5%.

a) Para obtener la recta de calibrado con el programa Statgraphics, una vez introducidos los datos se selecciona el icono "dependencia" de la barra de herramientas, "regresión simple" y aparece una ventana de "entrada de datos" para cada eje, y se obtienen las siguientes ventanas:

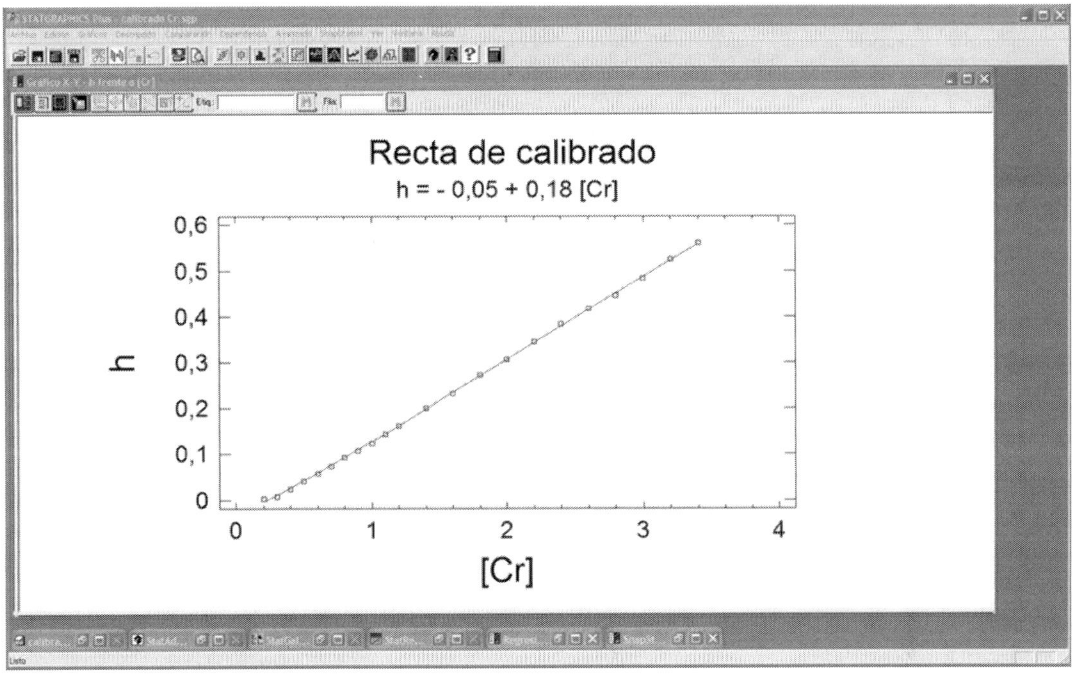

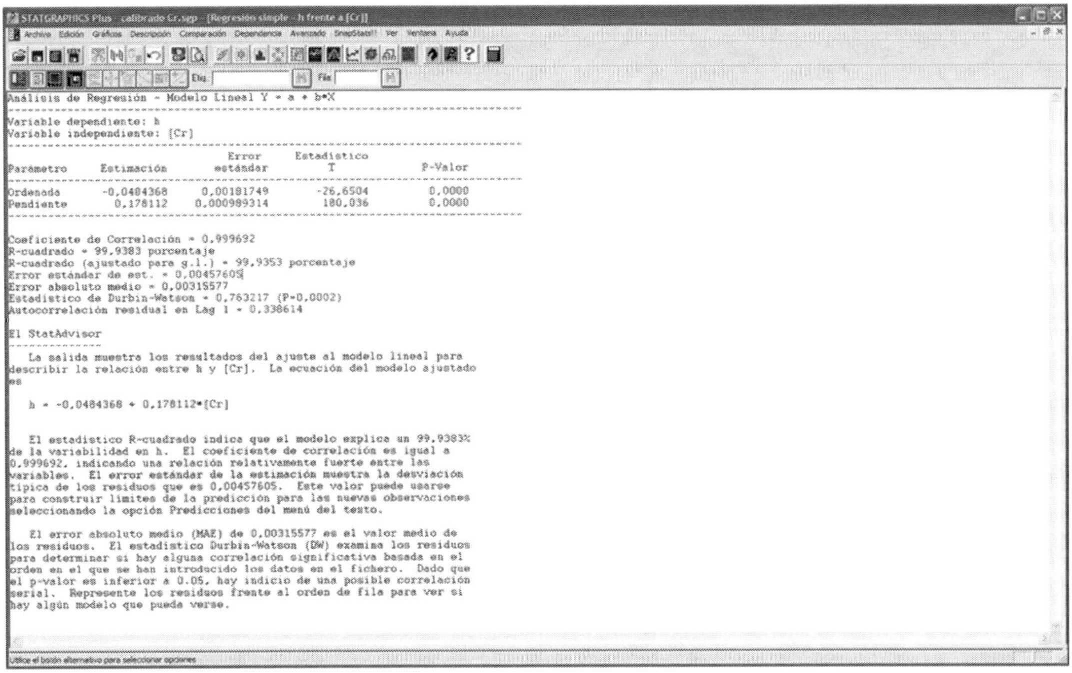

```
Análisis de Regresión - Modelo Lineal Y = a + b*X
-----------------------------------------------------------------------------
Variable dependiente: h
Variable independiente: [Cr]
-----------------------------------------------------------------------------
                                Error         Estadístico
Parámetro       Estimación      estándar          T              P-Valor
-----------------------------------------------------------------------------
Ordenada        -0,0484368      0,00181749       -26,6504         0,0000
Pendiente        0,178112       0,000989314       180,036         0,0000
-----------------------------------------------------------------------------

Coeficiente de Correlación = 0,999692
R-cuadrado = 99,9383 porcentaje
R-cuadrado (ajustado para g.l.) = 99,9353 porcentaje
Error estándar de est. = 0,00457605
Error absoluto medio = 0,00315577
Estadístico de Durbin-Watson = 0,763217 (P=0,0002)
Autocorrelación residual en Lag 1 = 0,338614

El StatAdvisor
--------------
   La salida muestra los resultados del ajuste al modelo lineal para
describir la relación entre h y [Cr].  La ecuación del modelo ajustado
es

   h = -0,0484368 + 0,178112*[Cr]


   El estadístico R-cuadrado indica que el modelo explica un 99,9383%
de la variabilidad en h.  El coeficiente de correlación es igual a
0,999692, indicando una relación relativamente fuerte entre las
variables.  El error estándar de la estimación muestra la desviación
típica de los residuos que es 0,00457605.  Este valor puede usarse
para construir límites de la predicción para las nuevas observaciones
seleccionando la opción Predicciones del menú del texto.

   El error absoluto medio (MAE) de 0,00315577 es el valor medio de
los residuos.  El estadístico Durbin-Watson (DW) examina los residuos
para determinar si hay alguna correlación significativa basada en el
orden en el que se han introducido los datos en el fichero.  Dado que
el p-valor es inferior a 0.05, hay indicio de una posible correlación
serial.  Represente los residuos frente al orden de fila para ver si
hay algún modelo que pueda verse.
```

b) Procediendo como se explica en el punto 2 del apartado "comparación de medias" de "utilización del programa Statgraphics", aparece la siguiente ventana:

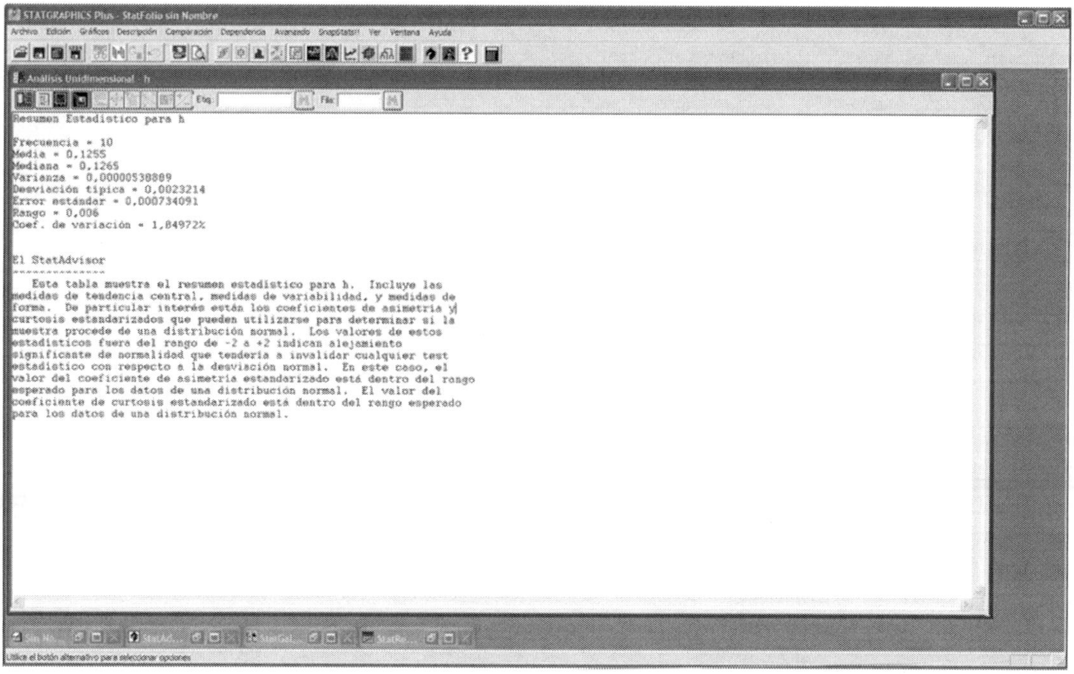

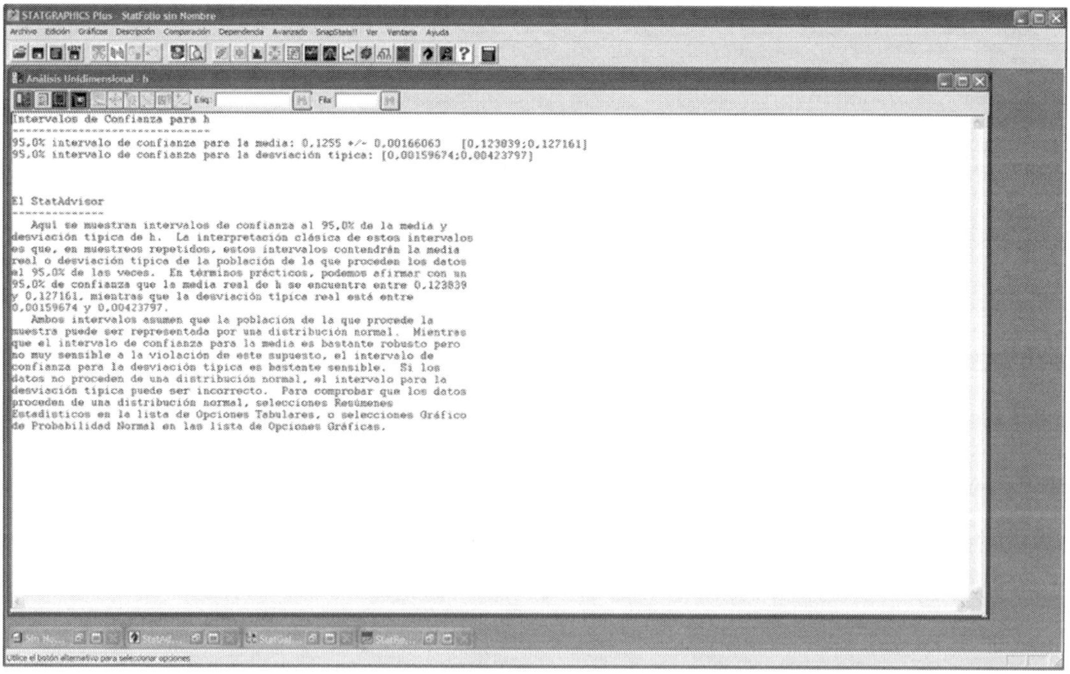

c) $h = -0{,}05 + 0{,}18\,[\mathrm{Cr\ (III)}]$

$0{,}1255 = -0{,}05 + 0{,}18\,[\mathrm{Cr\ (III)}]$

$[\mathrm{Cr\ (III)}] = 0{,}98\ \mathrm{mg\ mL^{-1}}$

d) $h = -0,05 + 0,18\ [\text{Cr (III)}]$

$h = -0,05 + 0,18 \cdot 1,00$

$h = 0,13$

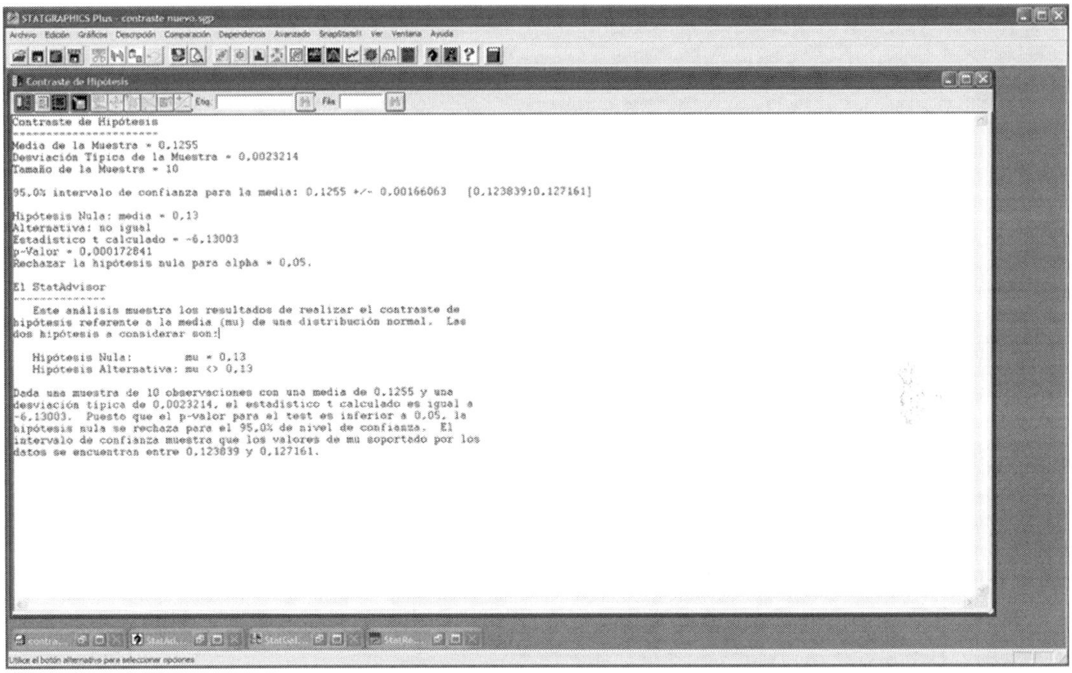

Se concluye que existe error sistemático en el resultado de *h* obtenido para una significación del 5%.

REFERENCIAS BIBLIOGRÁFICAS

– PÉREZ, J.; SECO, H. M. "Experimentos de química: aplicaciones a la vida cotidiana". Editorial Filarias. 3ª Edición. Badajoz 2008.

– SKOOG, D. A.; HOLLER, F. J y NIEMAN, T. A. "Principios de Análisis Instrumental". Editorial McGraw-Hill/Interamericana de España S.A.U. 5ª Edición. Madrid 2001.

– DELGADO, R. "Probabilidad y Estadística para Ciencias e Ingenierías". Delta, Publicaciones Universitarias. 1ª Edición. Madrid 2008.

– BERMEJO, F.; BERMEJO, A.; BERMEJO, P. "Los Cálculos Numéricos en la Química Analítica". Editorial Tórculo Edicións, 6ª Edición. Santiago 1998.

– LÓPEZ, A. J. "Métodos Experimentales para el Laboratorio de Física". Tórculo Edicións. Santiago 2002.

– SKOOG, D. A.; WEST, D. M.; HOLLER, F. J.; CROUCH, S.R. "Química Analítica". Editorial McGraw-Hill/Interamericana de España S.A. de C.V. 7ª Edición. México 2001.

– SKOOG, D. A.; WEST, D. M.; HOLLER, F. J.; CROUCH, S.R. "Fundamentos de Química Analítica". Thomson Editores, Paraninfo, S. A. 8ª Edición. Madrid 2005.

– MARTÍNEZ, J.; NARROS, A.; DE LA FUENTE, M. M.; POZAS, F.; DÍAZ, V. M. "Experimentación en Química General". Thomson Editores, Paraninfo, S. A. Madrid 2006.

– RAMIS, G.; GARCÍA, M. C. "Quimiometría". Editorial Síntesis, S. A. Madrid 2001.

– PÉREZ, C. "Estadística Práctica con STATGRAPHICS". Pearson Educación, S. A. Madrid 2002.

– VALCÁRCEL, M.; RÍOS, A. "La Calidad en los Laboratorios Analíticos". Editorial Reverté, S.A. Barcelona 1995.

– MILLER, N. J.; MILLER, J. C. "Estadística y Quimiometría para Química Analítica". Pearson Educación, S. A. 4ª Edición. Madrid 2002.

– MONGAY, C. "Quimiometría". Universitat de València 2005.